普通高等教育"十二五"规划教材
高职高专模具设计与制造专业任务驱动、项目导向系列化教材

模具 CAD/CAM(UG)

主　编　赵　灵　赵海峰
副主编　李　锐　唐　娟
参　编　王正山　郭　璠

国防工业出版社
·北京·

内 容 简 介

本教材以 Siemens PLM Software UG NX8.0 为例,介绍了建模、装配、工程制图、注塑模具设计和数控加工等模块的基本操作。内容涵盖了 UG 在模具 CAD/CAM 中应用的各个环节。全书分为 8 个项目,包括 UG NX 入门知识、UG NX 草图与曲线、UG NX 模具零件建模、UG NX 模具装配、UG NX 模具零件工程图、UG NX 产品造型设计、UG NX 注塑模具设计以及 UG NX 数控加工。

本教材按照基于工作过程的思路进行开发设计,将每个模块设计为多个学习任务,由浅入深、由易到难,每个任务又都紧扣模具设计与制造的主题。此外本教材配有大量经典的拓展练习以满足精讲多练的教学原则。

本教材不仅可以作为高职高专的模具设计与制造、机械制造、数控加工等专业的 CAD/CAM 课程的教材,而且也可以作为社会上各种模具培训班以及相关专业技术人员的自学用书。

图书在版编目(CIP)数据

模具 CAD/CAM(UG)/赵灵,赵海峰主编.—北京:国防工业出版社,2013.2(2017.4 重印)
高职高专模具设计与制造专业任务驱动、项目导向系列化教材
ISBN 978-7-118-08487-0

Ⅰ.①模… Ⅱ.①赵…②赵… Ⅲ.①模具—计算机辅助设计—高等职业教育—教材②模具—计算机辅助制造—高等职业教育—教材 Ⅳ.①TG76-39

中国版本图书馆 CIP 数据核字(2013)第 001086 号

※

国防工业出版社出版发行
(北京市海淀区紫竹院南路23号 邮政编码100048)
三河市众誉天成印务有限公司印刷
新华书店经售

*

开本 787×1092 1/16 印张 15 字数 374 千字
2017 年 4 月第 1 版第 3 次印刷 印数 7001—9000 册 定价 30.00 元

(本书如有印装错误,我社负责调换)

国防书店:(010)88540777　　发行邮购:(010)88540776
发行传真:(010)88540755　　发行业务:(010)88540717

普通高等教育"十二五"规划教材
高职高专模具设计与制造专业任务驱动、项目导向系列化教材
编审委员会

顾问

屈华昌

主任委员

王红军（南京工业职业技术学院）	匡余华（南京工业职业技术学院）
游文明（扬州市职业大学）	陈　希（苏州工业职业技术学院）
秦松祥（泰州职业技术学院）	甘　辉（江苏信息职业技术学院）
李耀辉（苏州市职业大学）	郭光宜（南通职业大学）
李东君（南京交通职业技术学院）	舒平生（南京信息职业技术学院）
高汉华（无锡商业职业技术学院）	倪红海（苏州健雄职业技术学院）
陈保国（常州工程职业技术学院）	黄继战（江苏建筑职业技术学院）
张卫华（应天职业技术学院）	许尤立（苏州工业园区职业技术学院）

委员

陈显冰	池寅生	丁友生	高汉华	高　梅	高颖颖
葛伟杰	韩莉芬	何延辉	黄晓华	李洪伟	李金热
李明亮	李萍萍	李　锐	李　潍	李卫国	李卫民
梁士红	林桂霞	刘明洋	罗　珊	马云鹏	聂福荣
牛海侠	上官同英	施建浩	宋海潮	孙　健	孙庆东
孙义林	唐　娟	腾　琦	田　菲	王洪磊	王　静
王鑫铝	王艳莉	王迎春	翁秀奇	肖秀珍	徐春龙
徐年富	徐小青	许红伍	杨　青	殷　兵	殷　旭
尹　晨	张　斌	张高萍	张祎娴	张颖利	张玉中
张志萍	赵海峰	赵　灵	钟江静	周春雷	祝恒云

前言

我国高等教育正处于全面提升质量与加强内涵建设的重要阶段。为促进高等职业教育的内涵建设，进一步推动高等职业教育课程改革和教材发展，为深入贯彻落实教育部《关于全面提高高等职业教育教学质量的若干意见》，在国防工业出版社的精心组织下，依据"模具CAD/CAM(UG)"的课程教学大纲编写了此书。

CAD/CAM是一种基于计算机技术而发展起来的新兴技术，随着计算机技术的发展，CAD/CAM技术也正逐步完善、日趋成熟。模具CAD/CAM作为CAD/CAM技术的一个分支，已成为现代模具技术的重要发展方向。UG NX软件集设计、制造、分析、管理于一体，是目前应用最为广泛的模具CAD/CAM软件。

本书紧紧围绕高等职业教育教学的要求，体现工学结合的课程改革思路，突出实用性、针对性。以工作任务驱动，以典型工作过程为主线，将相关知识的讲解贯穿于完成工作任务的过程中，避免了枯燥的理论、命令的讲解，提高了初学者的兴趣。

本书的内容涵盖了UG在模具设计与制造中应用的各个领域，包括：UG NX入门知识、UG NX草图与曲线、UG NX模具零件建模、UG NX模具装配、UG NX模具零件工程图、UG NX产品造型设计、UG NX注塑模具设计以及UG NX数控加工。另外本书还配有丰富的拓展应用练习，让读者可以通过学习模仿，逐步达到举一反三、融会贯通的效果。

本书由南通职业大学赵灵(项目1、项目7)、南京信息职业技术学院赵海峰(项目5、项目6)担任主编；由常州工程职业技术学院李锐(项目3)、泰州职业技术学院唐娟(项目2)任副主编；徐州工业职业技术学院王正山(项目4)、南通工贸技师学院郭璠(项目8)参加了本书的编写工作。全书由赵灵负责统稿和整理。

由于编写时间仓促，本书难免有疏漏之处，有些操作方法不一定是最简便的，恳请广大读者批评指正，可通过邮箱jszhaoling@mail.ntvc.edu.cn和我们联系。

编　者
2012年9月

目 录

项目 1　UG NX 入门知识 …………… 1

 1.1　UG NX 的功能与应用领域 …… 1
 1.2　UG NX 的用户界面 …………… 2
 1.3　UG NX 的基本操作 …………… 5
 1.4　UG NX 常用工具 ……………… 15
 1.5　入门任务:连接块建模 ………… 23
 拓展练习 ………………………………… 31

项目 2　UG NX 草图与曲线 …………… 33

 任务一:"扳手"草图设计 ……………… 33
 任务二:UG NX 曲线设计 ……………… 45
 拓展练习 ………………………………… 55

项目 3　UG NX 模具零件建模 ………… 63

 任务一:导套设计 ……………………… 63
 任务二:模柄设计 ……………………… 65
 任务三:顶件块设计 …………………… 68
 任务四:凸凹模固定板的设计 ………… 70
 任务五:凹模的设计 …………………… 73
 任务六:下模座设计 …………………… 75
 任务七:弹簧设计 ……………………… 80
 拓展练习 ………………………………… 83

项目 4　UG NX 模具装配 ……………… 87

 任务一:下模组件装配 ………………… 87
 任务二:上模组件装配 ………………… 95
 任务三:总装配与爆炸视图 …………… 95
 拓展练习 ………………………………… 98

项目 5　UG NX 模具零件工程图 …… 103

 任务一:创建模柄零件工程图 ……… 103
 任务二:创建下模座零件图 ………… 108
 任务三:创建复合模具装配工程图 … 112
 拓展练习 ……………………………… 121

项目 6　UG NX 产品造型设计 ……… 124

 任务一:节能灯泡 ……………………… 124
 任务二:矩形塑料盖 …………………… 129
 任务三:塑料勺 ………………………… 133
 任务四:饮料瓶 ………………………… 138
 任务五:苹果模型 ……………………… 145
 拓展练习 ……………………………… 151

项目 7　UG NX 注塑模具设计 ……… 161

 7.1　MoldWizard 注塑模具设计基础 … 161
 任务一:肥皂盒模具设计 …………… 168
 任务二:仪表盒注塑模具设计 ……… 186
 拓展练习 ……………………………… 195

项目 8　UG NX 数控加工 …………… 197

 8.1　UG NX 数控加工基础 …………… 197
 任务一:简易模具零件的数控编程 … 209
 任务二:塑料瓶前模编程 …………… 220
 拓展练习 ……………………………… 233

参考文献 ………………………………… 234

项目 1　UG NX 入门知识

本项目主要内容介绍：
1. UG NX 功能及应用领域
2. UG NX 的用户界面
3. UG NX 的基本操作
4. UG NX 的常用工具
5. 入门任务：连接块建模
6. 拓展练习

1.1　UG NX 的功能与应用领域

1.1.1　UG NX 软件的功能介绍

UG(Unigraphics NX)是 Siemens PLM Software 公司出品的一个产品工程解决方案,它为用户的产品设计及加工过程提供了数字化造型和验证手段。Unigraphics NX 针对用户的虚拟产品设计和工艺设计的需求,提供了经过实践验证的解决方案。主要为汽车与交通、航空航天、日用消费品、通用机械以及电子工业等领域通过其虚拟产品开发的理念提供多级化的、集成的、企业级的包括软件产品与服务在内的完整的 MCAD 解决方案。

Unigraphics NX 是集 CAD/CAM/CAE 于一体的三维参数化软件,是当今世界先进的计算机辅助设计、分析和制造软件,广泛应用于航空航天、汽车、造船、通用机械和电子等工业领域。该软件主要具有如下功能。

1. 产品设计(CAD)功能

使用 UG NX 的建模模块、装配模块和制图模块,可以很方便地建立各种结构复杂的三维参数化实体装配模型和部件详细模型,并自动生成用于加工的平面工程图纸。UG NX 的此项功能使得该软件可以很好地应用于各个行业各种类型产品的设计,并支持产品外观造型设计,所设计的产品模型可模仿制造样机的生产过程。并且能够进行虚拟装配和各种分析,节约了设计的成本和周期。

2. 性能分析功能

使用 UG NX 的有限元分析模块,可以对零件模型进行受力分析、受热分析和模态分析等。

3. 数控加工(CAM)功能

使用 UG NX 的加工模块,可以自动产生数控机床能接受的数控加工指令。

4. 运动分析功能

使用 UG NX 的运动分析模块,可以对产品的实际运动情况和干涉情况进行分析。

5. 产品发布功能

使用 UG NX 的造型模块,可以生成产品的真实感和艺术感很强的照片。并可以制作动画,直接在 Internet 上发布。

1.1.2　UG NX 应用领域

UG 是知识驱动自动化技术领域的领先者,在航空航天、汽车、通用机械、工业设备、医疗器械以及其他高科技应用领域的机械设计和模具加工自动化的市场上得到了广泛的应用。多年来,UGS 一直在支持美国通用汽车公司实施目前全球最大的虚拟产品开发项目,同时 UG 也是日本著名汽车零部件制造商 DENSO 公司的计算机应用标准。UG 已成为世界上最优秀公司广泛使用的系统。

UG 进入中国以后,其在中国的业务有了很大的发展,中国已成为其亚太区业务增长最快的国家。

1.2 UG NX 的用户界面

1.2.1 UG NX8.0 的启动

(1) 方法一:用鼠标依次选择【开始】→【所有程序】→Siemens NX 8.0→NX 8.0 命令,如图 1-1 所示。启动 UG NX 后,在主界面上将显示 UG 的版本号,如图 1-2 所示,稍作停顿后进入 UG NX 的入门模块,如图 1-3 所示,这时可以新建文件或打开一个已存在的文件。

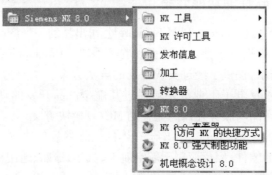

图 1-1 程序命令

图 1-2 UG NX 启动界面

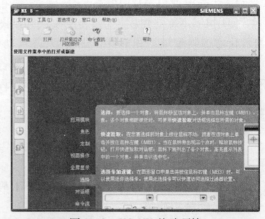

图 1-3 UG NX 基础环境

(2) 方法二:直接双击桌面上的 UG NX 快捷方式 或直接双击 UG 建构的 prt 文件。

1.2.2 退出 UG NX

退出 UG 有以下几种方法。
(1) 单击标题栏上的 (关闭)按钮;
(2) 选择菜单【文件】→【退出】命令;

（3）按 Alt + F4 组合键。

采用任何一种方法，UG 在退出时将会弹出"退出"对话框，如图 1-4 所示，单击【是】按钮将保存零件并退出 UG NX，关闭窗口。

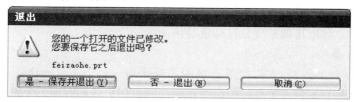

图 1-4　退出系统

1.2.3　UG NX 的用户界面

UG NX 的常见工作界面，如图 1-5 所示。UG NX 的工作界面会因为使用环境的不同而有所不同。UG 的工作界面，用户可以根据自己的需要进行定制，一般用户都是按照自己的操作习惯和个人爱好设定。工具栏（工具条）的内容和位置及弹出的对话框，用户可以在屏幕上任意移动。

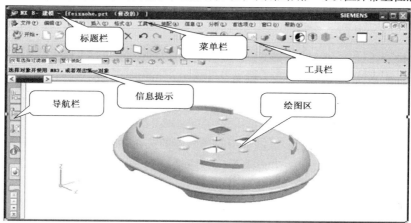

图 1-5　UG NX 用户界面

1. 菜单栏

菜单栏包含了 UG NX 软件所有主要的功能，位于主窗口的顶部，在窗口标题栏的下面，如图 1-6 所示。主菜单是下拉式菜单，系统将所有的命令和设置选项予以分类，分别放置在不同的下拉式菜单中，单击主菜单栏中任何一个菜单时，系统将会弹出相应的下拉式菜单，同时显示出该功能菜单包含的有关命令，每一个命令的前后可能有一些特殊标记。其含义说明如下。

（1）三角形符号（▶）：当菜单中某个命令不只含有单一功能时，系统会在命令字段右上方显示三角形符号，若选择此命令后，系统会自动出现子菜单，如图 1-6 所示。

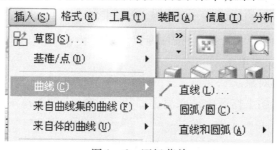

图 1-6　逐级菜单

(2) 右方的文字：菜单中命令右方的文字，如 Ctrl + D，表示该命令的快捷键。

(3) 点号(…)：菜单中某个命令将以对话框的方式进行设置时，系统会在命令段后面加上点号(…)，选择此命令后，系统会自动弹出对话框。

(4) 括号加注文字：当命令后面的括号中标有某个字符时，则该字符为系统记忆的字符。在进入菜单后，按下此字符则系统会自动选择该命令。

2. 工具栏(工具条)

工具栏在菜单栏的下面，它以简单直观的图标来表示每个工具的作用。UG 具有大量的工具栏供用户使用，只要单击工具栏中的图标按钮就可以启动相对的 UG 软件的功能。在 UG 中，几乎所有的功能都可以通过单击工具栏上的图标按钮来启动，UG 的工具栏可以按照不同的功能组别分成若干类，工具栏可以以固定或浮动的形式出现在窗口中。如果将鼠标指针停留在工具栏按钮上，将会出现该工具对应的功能提示。工具栏中的图标按钮显示为灰色，表示该图标功能在当前工作环境下无法使用。

3. 标题栏

在 UG NX 中文版的工作界面中，标题栏的用途与常见的 Windows 应用软件的标题栏用途基本上相同。标题栏上主要显示该软件的版本、使用的模块名称和当前正在操作的文件及状态。

4. 绘图区

绘图区即是 UG 的工作区，它占有屏幕的大部分空间，以窗口的形式出现。绘图区主要用于显示图形的图素、刀具路径结果、曲面和产品的分析结果等。

5. 导航工具栏

导航工具栏位于屏幕的左侧，提供常用的导航器的按钮，如装配导航器、部件导航器、重用库、HD3D 工具、Internet 工具和历史记录等。一般情况下，导航器处于隐藏状态，当单击导航工具栏某一按钮时，相应的导航器会显示出来。

6. 状态栏和提示栏

状态栏位于提示栏的右方，主要用来显示系统及图素的状态。如当鼠标在某条直线旁时，状态栏会显示数据。

提示栏位于绘图区上方，主要用来提示操作者的步骤。在执行操作时，系统均会在提示栏中显示用户必须执行的动作，或提示用户的下一个动作。UG 有很多命令，对于一个 UG 的用户来说，不可能记住所有命令的操作过程，当用户对某些不常用的命令步骤不记得时，就可以看提示栏了。如果是一个初学者，每做一步都要看看提示栏。

1.2.4 鼠标的使用

UG NX 鼠标的各键使用如下。

MB1：左键，点取、选择和拖曳。

MB2：中键，单击，相当于 OK 按钮；按住拖曳可以旋转零件。

MB3：右键，显示快捷菜单。

【Shift】+ MB2：平移对象。

【Shift】+ MB1：在绘图工作区中是取消选择某个对象，在列表框中其功能为选取某个连续区域的所有选项。

【Ctrl】+ MB1：可在列表框中重复选择其中选项。

【Ctrl】+MB2:缩放。

滚轮:缩放。

1.3 UG NX 的基本操作

1.3.1 文件操作

1. 新建文件

选择【文件】→【新建】命令,或者单击标准工具栏中的 (新建)按钮,弹出如图1-7所示的【新建】"对话框。

图1-7 【新建】对话框

在对话框中选择所建文件的类型,单位,输入文件名称,保存路径等。值得注意的是,默认情况下,UG NX 不支持中文文件名,也不支持中文路径。

操作技巧

安装 UG NX8.0 后,在系统环境变量中新增变量"UGII_UTF8_MODE",值为"1",即可支持中文路径和文件名。

2. 打开文件

选择【文件】→【打开】命令或者单击工具栏中的 (打开)按钮,弹出如图1-8所示的【打开】对话框。

对话框中的文件列表框中列出了当前工作目录下的所有文件。可以直接选择要打开的文件。或者在【查找范围】下拉列表框中指定文件所在的路径,然后单击【OK】按钮。另外,对话框中还有两个复选框,其意义如下。

(1)【预览】:默认情况下,此复选框被选中。如果要打开的文件在上一次存盘时保存了显示文件,那么可以预览文件的内容。

(2)【不加载组件】:默认情况下,此复选框不被选中。如果选中此复选框,则在打开一个

图1-8 打开对话框

装配体文件时,将不调用其中的文件。

3. 关闭文件

可以通过选择【文件】→【关闭】子菜单中的命令来关闭文件,如图1-9所示。

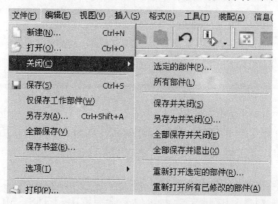

图1-9 关闭文件

1.3.2 定制工具栏

由于UG的命令很多,为使用户能拥有较大的可视窗口,系统提供了多种工具栏的定制功能,以便使用户将适合自己的工具都放到方便选取的地方。

1. 角色功能

角色功能可以调整用户界面,隐藏不使用的工具,从而实现特定的日常任务。角色种类比较多,软件默认为基本角色。基本角色命令少,图标大。高级角色图标小,命令全。定制角色只需要打开角色导航器,选择所需要的角色图标即可,如图1-10所示。

2. 定制工具条

将鼠标移动到工具栏区域,并单击鼠标右键,弹出工具条选项,再单击所需要显示或关闭

图 1-10　定制角色

的工具条,如图 1-11 所示。

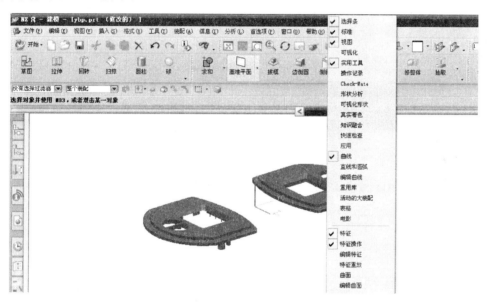

图 1-11　定制工具条

3. 定制工具图标

将鼠标移到某个工具条右边单击 按钮,然后单击【添加或移除按钮】后的三角按钮,选择该工具条中需要显示或者隐藏的图标,如图 1-12 所示。

4. 定制对话框

此外 UG 还提供了专门定制界面的对话框,进入的方法有如下三种:

(1)选择【工具】→【定制】命令,弹出如图 1-13 所示的【定制】对话框。

(2)在对话框区域已定位的工具条上单击鼠标右键,从弹出的快捷菜单的最下方选择【定制】,同样弹出如图 1-13 所示的【定制】对话框。

(3)单击某工具条中的 按钮,再在【添加或移除按钮】中单击三角按钮,选择【定制】命令,如图 1-14 所示。

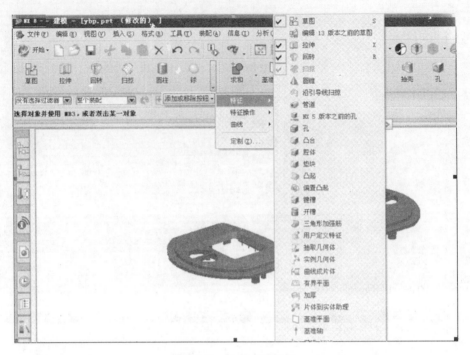

图 1-12 定制工具图标

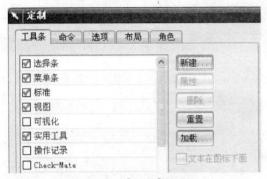

图 1-13 【定制】对话框

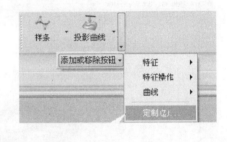

图 1-14 【定制】工具条

1) 工具条的显示与隐藏

在【定制】对话框中选择【工具条】选项卡,此选项卡用于显示和隐藏某些工具条。选中工具条名称前的复选框,则相应的工具条显示在主界面上;取消选中工具条名称前的复选框,则在主界面上隐藏相应的工具条。此外还可以通过【加载…】按钮装入工具条文件,或者通过【重置】按钮来重新设置工具条。

2) 工具图标的显示与隐藏

UG NX 有两种方法来显示与隐藏工具条的图标。传统的方法是:使用【定制】对话框中【命令】选项卡,此选项卡用于显示或隐藏工具条的图标,如图 1-15 所示。具体步骤如下:

(1) 在"类别"列表框中选择要定义图标的工具条,则所选工具条包含的图标显示在"命令"组合框中。

(2) 在"命令"组合框中选中图标,拖曳到工具栏上,即可使该图标在相应的工具栏中显示;相反把某一工具图标从工具栏中拖曳到绘图框中,则该图标就隐藏。

3) 工具图标的尺寸、颜色及提示行与状态行的位置

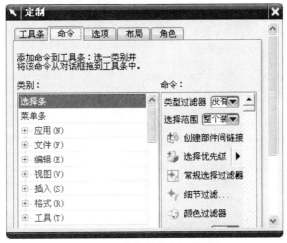

图 1-15 【定制命令】对话框

在【定制】对话框中选择【选项】选项卡,进行工具条图标的尺寸设置,如图 1-16 所示。该选项卡具有以下功能。

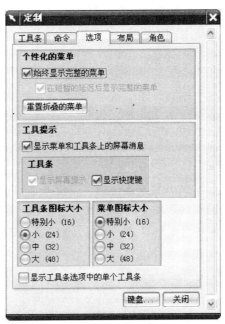

图 1-16 【定制选项】对话框

(1) 设置个性化的菜单。
(2) 在工具条上显示屏幕提示。
(3) 在屏幕提示中显示快捷键。
(4) 设置工具栏图标的大小。
(5) 设置菜单图标的大小。
(6) 显示工具条选项中的单个工具条。

在【定制】对话框中选择【布局】选项卡,其中可设置提示行和状态行的摆放位置,如图 1-17 所示。该选项具有以下功能。

(1) "当前应用模块"选项组:可以保存和重置布局。

项目1 UG NX 入门知识 | 9

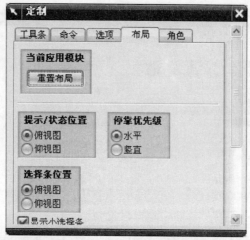

图1-17 【定制布局】对话框

(2)"提示/状态位置":设置提示/状态栏的位置。

(3)"停靠优先级":可设置为水平或竖直。

(4)"选择条位置":可以设置选择条在上方还是在下方。

1.3.3 改变模型显示

三维模型显示控制主要通过如图1-18所示的【视图】工具条来操作,也可以通过【视图】菜单中的命令操作。

图1-18 视图工具条

1. 调整模型在视图中的显示大小与位置

使用【视图】工具条调整模型在视图中的显示大小与位置的操作如下:

(1)拟合:单击 按钮,则所有模型对象尽可能大地全部显示在视图窗口的中心。

(2)缩放:单击 按钮,将鼠标选择的矩形区域放大到整个视图窗口显示。

(3)放大/缩小:单击 按钮,然后指定一点作为缩放中心,拖动鼠标上下移动即可动态改变模型在视图中显示的大小和位置。

(4)旋转:单击 按钮,拖动鼠标上下左右移动。将以模型的几何中心为旋转中心实现动态旋转,模型大小保持不变。

(5)平移:单击 按钮,拖动鼠标上下左右移动,则模型在视图中平行移动,其方向、大小不变。

2. 变换显示方式

单击视图工具条中的 ·按钮,会弹出菜单,如图1-19所示。使用【视图】工具条控制显示方式的操作如下:

(1)线框:线框指的是仅显示三维模型的边缘和轮廓线,不显示表面情况。共有三种线框模式,默认情况下单击 按钮。更多情况下单击右侧向下黑三角按钮,弹出如图1-19所示的线框快捷工具栏,从三种模式中选择一种即可。

（2）着色：用各种颜色显示三维模型的表面，共有 5 种着色模式。默认情况下单击 按钮，更多情况下单击右侧向下黑三角按钮，弹出图 1-19 所示的着色快捷工具栏，从 5 种模式中选择一种即可。

图 1-19　线框着色快捷工具栏

3. 改变观察角度

默认情况下单击【视图】工具栏中的 按钮，更多情况下单击右侧向下黑三角按钮，弹出如图 1-20 所示的观察角度快捷工具栏。

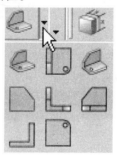

图 1-20　观察角度快捷工具栏

当移动鼠标到每个图标上并稍微停留片刻，则显示其视图名称，从 8 种标准模式中选一种即可改变模型的观察角度。

1.3.4　编辑对象显示

选择菜单【编辑】→【对象显示】命令，弹出如图 1-21 所示的【类选择】对话框，提示用户选择要编辑的对象。用户也可以通过单击工具条中的按钮启动【类选择】对话框，但是这种方法在模型比较简单、特征较少时很少用到。选择要编辑的对象后，单击【确定】按钮，弹出如图 1-22 所示的【编辑对象显示】对话框。

其中集中了所有编辑对象显示属性的选项，说明如下：

（1）【图层】文本框：在其中输入要放置对象的层。

（2）【颜色】按钮：单击 按钮，弹出【颜色】对话框，在其中选择需要的颜色。如果需要更多颜色选择，则单击【更多颜色】按钮。

（3）【线型】下拉列表框：可以在下拉列表框中选择需要的线型。

（4）【宽度】下拉列表框：线型宽度，可以在下拉列表框中选择需要的线型宽度即可。

（5）【线框显示】文本框：实体或片体以线框显示时 U、V 方向的网格曲线数。

（6）【透明度】滑块：通过移动标尺设置所选对象的透明度。

图1-21 类选择器

图1-22 【编辑对象显示】对话框

1.3.5 显示与隐藏对象

选择【编辑】→【显示与隐藏】命令,弹出如图1-23所示的【显示与隐藏】子菜单。或者将【实用工具】工具条中有关显示与隐藏的图标调出,如图1-24所示。其中列举了所有执行对象显示与隐藏的命令,并且命令名称充分反映了它的作用,使用非常方便。

图1-23 【显示与隐藏】子菜单

图1-24 【显示与隐藏】工具条

1.3.6 层操作

在UG使用过程中,将产生大量的图形对象,如草图、曲线、片体、三维实体、基准特征、标注尺寸和插入对象等。为方便有效地管理如此之多的对象,UG引入了"图层"概念。

一个UG部件中可以包含1个~256个层,每个层上可包含任意数量的对象。因此一个层上可以包含部件中的所有对象,而部件中的对象也可以分布在一个或多个层上。

在一个部件的所有层中,只有一个层是工作层,用户所做的任何工作都发生在工作层上。其他层可设为可选择层、只可见层或不可见层,以方便使用。

与图层有关的所有命令都集中在如图1-25所示的【格式】菜单中。

图1-25 【格式】菜单中的图层命令

1. 图层类别

设置层的类别有利于分类管理,提高操作效率。例如,一个部件中可以设置 Solid Bodies、Curves、Sketchs、Reference Geometries、Sheet Bodies、Drafting Objects 等分类。可根据实际需要和习惯设置各公司自己的图层标准,通常可根据对象类型来设置图层,如可以根据表1-1来设置图层。

表1-1 图层设置推荐

图 层 号	图 层 内 容
1~20	实体(Solid Bodies)
21~40	草图(Sketchs)
41~60	曲线(Curves)
61~80	参考对象(Reference Geometries)
81~100	片体(Sheet Bodies)
81~120	工程图对象(Drafting Objects)

(1)建立新的类目的步骤。

① 在如图1-25所示的菜单中选择【图层类别】命令,系统弹出【图层类别】对话框,如图1-26所示。

图1-26 【图层类别】对话框

② 在【图层类别】对话框中的"类别"文本框输入新的类别名称。

③ 单击【创建/编辑】按钮,系统弹出如图1-27所示的【图层的类别】对话框。

图1-27 【图层类别】对话框

④ 在【图层的类别】对话框中的"图层"列表中选择需要的图层,单击【添加】按钮,再单击【确定】按钮即完成新的类别的建立。

(2) 编辑类别。在如图1-26所示的【图层类别】对话框中的"过滤器"列表中选择需要编辑的类别,单击【创建/编辑】按钮,即可对类别进行编辑。

2. 图层设置

选择【格式】→【图层设置】命令,弹出如图1-28所示的【图层设置】对话框。利用该对话框可以设置部件中的所有层或任意一个层为工作层,以及层的可选择性和可见性等,并可以查询层的信息,编辑层的所属类别。

图1-28 【图层设置】对话框

3. 移动至层

选择【格式】→【移动至图层】命令,弹出【类选择】对话框。选择对象,单击【确定】按钮,弹出【图层移动】对话框,如图1-29所示。输入图层名或图层类名,或在"图层"列表框中选中某层,则系统将所选对象移动到指定图层上。

图1-29 【图层移动】对话框

4. 复制至层

选择【格式】→【复制至图层】命令,弹出【类选择】对话框,提示用户选择对象。选择对象,单击【确定】按钮,弹出【图层复制】对话框,如图1-30所示。输入图层名或图层类名,或在"图层"列表框中选中某层,则系统会将所选对象复制到指定图层上。

图1-30 【图层复制】对话框

1.4 UG NX 常用工具

本节主要介绍UG NX中的常用工具,包括选择过滤器、类选择器、点工具、矢量工具、平面工具、坐标工具等,它们在UG NX的各个模块的使用中都有非常重要的辅助作用。

1.4.1 选择条和类选择器

在UG各模块的使用过程中,经常需要选择对象。为了能快速选择各种对象,UG提供了选择条和类选择器两种工具。

1. 选择条

在工具栏上单击鼠标右键,选中"选择条",如图1-31所示,在绘图区上方会出现如图

1-32所示选择过滤器。其中常用的有类型过滤器、细节过滤器、颜色过滤器、图层过滤器等。

图1-31 选择条　　　　　　　　　　　图1-32 选择过滤器

2. 类选择器

在很多命令后,UG会弹出【类选择】对话框,让用户方便选择要素如图1-33所示。该选项组中提供了5种直接过滤方式,即类型过滤器、图层过滤器、颜色过滤器、属性过滤器和重置过滤器。

(1)【类型过滤器】:按对象类型过滤即只能选择指定类型的对象。单击该按钮,弹出如图1-34所示的【根据类型选择】对话框,可以在列表框中选择所需要的类型。单击对话框下端的【细节过滤】按钮,可以进一步限制类型。

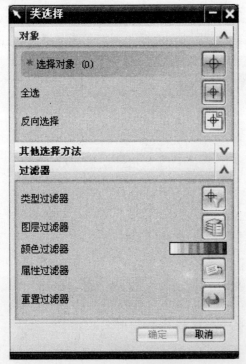

图1-33 类选择器图　　　　　　　　　图1-34 类型过滤器

(2)【图层过滤器】:按对象所在层进行过滤,即只能选择指定层的对象。单击该按钮,弹出相应的层选择对话框,选择需要的层即可。

(3)【颜色过滤器】:单击该按钮,弹出【颜色过滤器】对话框,如图1-36所示,按对象颜色过滤,即可能选择指定颜色的对象。

(4)【属性过滤器】用于过滤对象的所有其他属性。单击该按钮,弹出如图1-35所示的【属性过滤器】对话框,然后在其中设置所需的过滤属性,还可以单击【用户自定义属性】。

(5)【重置过滤器】:恢复默认的过滤方式,即可选择所有的对象。

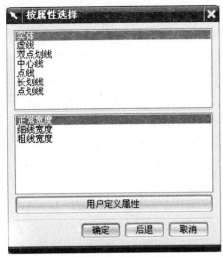
图1-35 属性过滤器

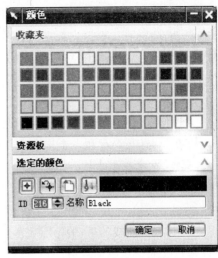
图1-36 颜色过滤器

3. 取消已选择对象

按住 Shift 键,移动鼠标到已选的对象上,再单击鼠标左键即可取消已选择对象,用鼠标左键拖出一个矩形包围欲取消选择的对象,可取消一个或多个已选对象。

1.4.2 点工具

在三维建模过程中,一项必不可少的任务是确定模型的尺寸与位置,而点工具就是用来确定三维空间位置的一个基础的和通用的工具。

点工具对话框,常常是根据建模的需要自动出现的,如图1-37所示。当然点工具也可以独立使用,直接创建一些独立的点对象。

图1-37 点工具

确定点的方法主要有如下三种:

(1) 直接在 XC、YC、ZC 文本框中输入坐标值,单击【确定】按钮,系统即可根据坐标确定点。可以选择相对坐标,也可以选择绝对坐标。

(2) 通过捕捉功能来选择点。UG 提供了强大的捕捉功能如下：

⌖：自动判断的点，根据光标点所处位置自动推测出所要选择的点。所采用的点捕捉方式为以下方式之一，即光标位置、存在点、端点、控制点、交点、中心点、角度和象限点。这种方法在单选对象时特别方便，但在同一位置存在多种点的情况下很难控制点，此时建议选择其他方式。

╋：光标位置，在光标位置指定一个点。

＋：存在点，在某个存在点上构造点，或通过选择某个存在点规定一个新点的位置。

╱：端点，在已存在直线、圆弧、二次曲线或其他线的端点位置指定一个的位置。使用这种方法定点时，根据选择对象的位置不同，所取得的端点位置也不一样，取最靠近选择位置端的端点。

⌐：控制点，在曲线的控制点上构造一个点或规定新点的位置。控制点与曲线的类型有关，可以是直线的中点或端点、开口圆弧的端点、中点或中心点、二次曲线的端点和样条曲线的定义点或控制点等。

⋏：交点，在两段曲线的交点上、一条曲线和一个曲面或一个平面的交点上创建一个点或规定新点的位置。若两者的交点多于一个，则系统在最靠近第 2 个对象处创建一个点或规定新的位置；若两段平行曲线并未实际相交，则系统会选择两者延长线上的相交点；若选择的两段空间曲线并未实际相交，则系统在最靠近第 1 个对象处创建一个点或规定新点的位置。

⊙：弧/椭圆/球中心点，在所选择圆弧、椭圆或球的中心处创建一个或规定新点的位置。

◿：弧/椭圆弧上的角度点，在与坐标轴 *XC* 正向成一角度（沿逆时针方向）的圆弧/椭圆弧上构造一个点或规定新点的位置。

◯：象限点，在圆弧或椭圆弧的 4 分点处创建一个点或规定新点的位置，所选择的 4 分点是离光标选择球最近的 4 分点。

╱：曲线/边上的点，在离光标最近的曲线/边缘上构造一个或规定新点的位置。

⌒：曲面上的点，在离光标最近的曲面/表面上构造一个或规定新点的位置。

单击按钮激活相应捕捉点方式，然后选择要捕捉点的对象，系统会自动按相应方式生成点。

╱：两点之间，通过两点之间的距离百分比确定位置。

＝：按表达式，通过表达式来确定点的位置。

(3) 利用某个基点来偏置确定新的点。【点工具】对话框中的【偏置】下拉列表框用于使用相对定位方法来确定点的位置，即相对于指定的一个参考点及其偏置值来确定一个点位置。相对定点方法相当于将坐标系原点移动到指定的参考点，然后相对于这一参考点用前面介绍的相同方法来确定一个点位置。偏的方法有矩形偏置、圆柱形偏置、球形偏置、沿矢量偏置和沿曲线偏置。

1.4.3 矢量工具

很多建模操作都要用到矢量，矢量用于确定特征或对象的方位。如圆柱体或锥体的轴线方向、拉伸特征的拉伸方向、旋转扫描特征的旋转轴线、曲线投影的投影方向以及拔斜度方向等。要确定这些矢量，都离不开矢量构造器。

矢量构造器用于构造一个单位矢量，矢量的各坐标分量只用于确定矢量的方向，不保留其幅值大小和矢量的原点。

一旦构造了一个矢量,在图形窗口中将显示一个临时的矢量符号。通常操作结束后该矢量符号即消失,也可利用视图刷新功能消除其显示。

矢量构造器的所有功能都集中体现在如图1-38所示的【矢量】对话框中,其功能如表1-2所列。

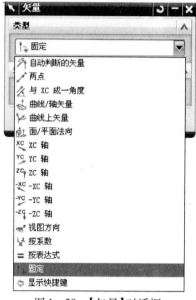

图1-38 【矢量】对话框

表1-2 矢量构造器方式的图标功能说明

图标	功能	功能说明
	自动判断的矢量	根据选择的几何对象不同,自动推测一种方法定义一个矢量,推测的方法可能是表面法线、曲线切线、平面法线或基础轴
	两个点	选择空间两个点来确定一个矢量,其方向由第1点指向第2点
	成一角度	在XC-YC平面上构造与XC轴夹一定角度的矢量
	曲线/轴矢量	沿曲线起始点处的切线构造一个矢量或构造与基准轴平行的矢量
	在曲线矢量上	以曲线某一点位置上的切向矢量为要构造的矢量
	面/平面的法向	构造与平面法线或圆柱轴线平行的矢量
	XC轴	构造与坐标系X轴平行的矢量
	YC轴	构造与坐标系Y轴平行的矢量
	ZC轴	构造与坐标系Z轴平行的矢量
	XC负轴	构造与坐标系X负轴平行的矢量
	YC负轴	构造与坐标系Y负轴平行的矢量
	ZC负轴	构造与坐标系Z负轴平行的矢量
	视图方向	构建与当前视图屏幕法向的矢量

1.4.4 坐标系工具

用户利用坐标系工具可以构造一个新的坐标系,也可以对原有坐标系进行移动、转向等操作。

选择【格式】→【WCS】命令,如图1-39所示,或者将【实用工具】工具栏中的图标调出,如图1-40所示。这里主要介绍几个常用的坐标系命令。

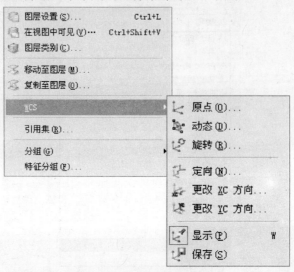

图1-39 坐标系操作菜单

图1-40 坐标系工具图标

WCS原点:其功能是设定原点坐标。单击该图标系统将弹出【点工具】对话框,让用户通过各种方法选择原点。

旋转WCS:单击该图标,系统会弹出如图1-41所示的【旋转坐标系】对话框。前面的选择轴是固定不动的方向,后面显示的是将要转动的方向,在角度栏里可以输入角度值。

WCS动态:单击该图标,系统中的坐标系变为如图1-42所示的动态形式。

图1-41 【旋转坐标系】对话框

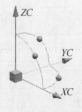

图1-42 动态坐标系

动态坐标系操作是很常用的一个命令,它有如下功能。

(1)平移:拖动箭头或单击箭头后输入值;

(2) 平行:单击箭头后再单击直线或边缘;

(3) 反向:双击箭头;

(4) 法向:单击箭头,再单击平面;

(5) 旋转:拖动球或单击球再输入值;

(6) 整体移动:将原点拖动,或者单击原点再选择点。

■WCS方向:单击该图标,系统弹出如图1-43所示的坐标系定向工具。各功能介绍如表1-3所列。该功能在建构复杂零件时经常使用。

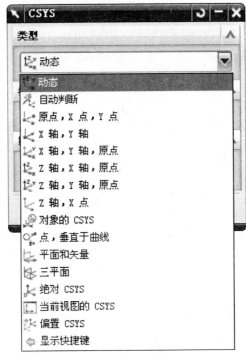

图1-43 坐标系定向

表1-3 坐标系工具图标功能说明

图 标	功 能	功 能 说 明
	自动判断	通过选择的对象或输入坐标分量来构造一个坐标系,该方法较少用
	原点,X-点,Y-点	依次指定3个点。第1个点作为坐标系的原点,从第1点到第2点的矢量作为坐标系的X轴,第1点到第3点的矢量作为坐标系的Y轴
	X轴,Y轴	依次指定两条相交的直线或实体边缘线。把两条线的交点作为坐标系的原点,第1条直线作为X轴,第2条直线作为Y轴
	X轴,Y轴,原点	依次指定第1条直线和第2条直线。把构造的点作为坐标系的原点,通过原点与第1条直线平行的矢量作为坐标系的X轴,通过原点与X轴垂直并且与指定的两条直线确定的平面相平行的直线作为Y轴
	Z轴,X-点	依次指定一条直线和一点。把指定的直线作为Z轴,通过指定点与指定直线相垂直的直线作为坐标系的X轴,两轴交点作为坐标系的原点
	对象的CSYS	指定一个平面图形对象(如圆、圆弧、椭圆、椭圆弧、二次曲线、平面或平面工程图)。把该对象所在的平面作为新坐标系的$XC-YC$平面,该对象的关键特征点(如圆、椭圆的中心,二次曲线的顶点或平面的起始点等)作为坐标系的原点

（续）

图标	功能	功能说明
	点，垂直于曲线	首先指定一条曲线，然后指定一个点。过指定点与指定直线垂直的假想先为新坐标系的 Y 轴，垂足为坐标系的原点。曲线在该垂足处的切线为新坐标系的 Z 轴，X 轴根据右手螺旋法则确定
	平面和矢量	首先指定一个平面，然后指定一个矢量。把指定矢量与指定平面的交点作为新坐标系的原点，指定平面的法向量作为新坐标系的 X 轴，指定矢量在指定平面上的投影作为新坐标系的 Y 轴
	三平面	依次选择3个平面，把3个平面的交点作为新坐标系的原点。第1个平面的法向量作为新坐标系的 X 轴，第1个平面与第2个平面的交线作为新坐标系的 Z 轴
	ACS（绝对坐标系）	构造一个与绝对坐标系重合的新坐标系
	当前视图的CSYS（坐标系）	以当前视图中心为新坐标系的原点。图形窗口水平向右方向为新坐标系的 X 轴，图形窗口竖直向上方向为新坐标系的 Y 轴
	坐标系到坐标系	首先指定一个已经存在的坐标系。然后在文本框中输入3个坐标方向偏置（X-增量、Y-增量和 Z-增量），以此确定新坐标系的原点

1.4.5 平面工具

在 UG NX 的使用过程中，经常需要构造一个平面。它可以是一个基准平面，也可以是参考面，切割面等。单击【特征】工具条中的【基准面】⬜ 工具或【平面】 工具弹出如图1-44中所示的【基准面】或【平面】对话框。弹出如图1-44所示的【平面】对话框。其中提供了多种构造平面的方法，如图1-45所示，具体功能介绍如下。

图1-44 平面工具

(1)"自动判断"：根据所选的对象确定最接近的平面类型。
(2)"成一角度"：使用指定的角度确定明面。
(3)"二等分"：在平分角处或者在两平面之间确定平面。
(4)"曲线和点"：使用一个点和一条曲线（或边缘）确定平面。
(5)"两直线"：经过两直线、线性边缘或基准轴确定平面。
(6)"相切"：确定相切与弧面的平面。
(7)"通过对象"：通过某平面建构平面。

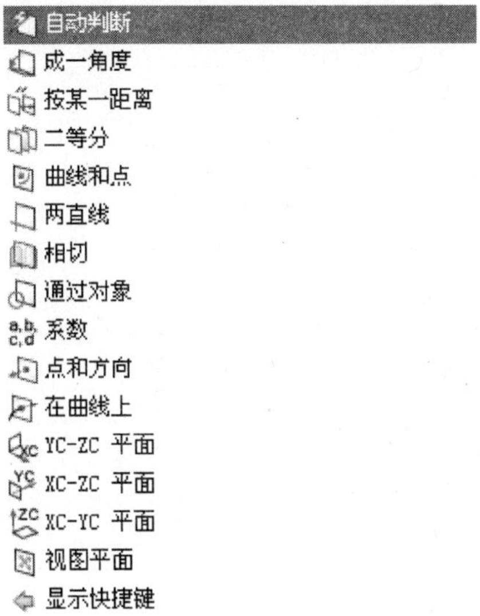

图 1-45　各种平面建构方法

(8)"系数":通过使用系数 A、B、C、D 来指定方程创建固定的平面。

(9)"点和方向":经过一点沿指定的矢量来确定平面。

(10)"在曲线上":确定与直线上一点相切或垂直的平面。

(11)"$YC-ZC$ 平面":参照工作坐标系或绝对坐标系的 $YC-ZC$ 平面来确定平面。

(12)"$XC-ZC$ 平面":参照工作坐标系或绝对坐标系的 $XC-ZC$ 平面来确定平面。

(13)"$XC-YC$ 平面":参照工作坐标系或绝对坐标系的 $XC-YC$ 平面来确定平面。

(14)"视图平面":将当前的视图屏幕确定为平面。

1.5　入门任务:连接块建模

1.5.1　任务描述

利用 UG 设计如图 1-46 所示的连接块。

1.5.2　任务分析

本任务主要学习 UG NX 基本体素特征:圆柱、长方体的建构,布尔运算的操作,矢量工具,点工具的应用,另外学习 UG NX 工作环境的设置,以及界面的一些基本操作。

1.5.3　操作步骤

1. 步骤 1:新建文件

启动 UG NX8.0 软件,在软件初始界面单击左上角的【新建】按钮,在弹出的【新建】对话框中选择新建模型,在"新建文件名"下方的"名称"输入框中输入"lianjiekuai",在"文件夹"输入框输入"D:\UG_FILES\CH1",单击【确定】按钮关闭对话框,开始新建一个模型文件。

2. 步骤 2:调整工具栏

按照前面 1.3.2 定制工具栏中所介绍的方法将工具栏调整成如图 1-47 所示。

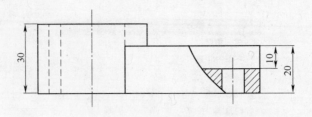

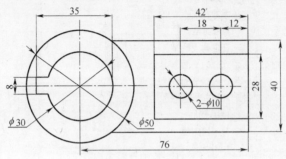

图 1-46 连接块

图 1-47 调整工具栏

3. 步骤 3：创建圆柱体

单击【圆柱】工具条，系统弹出如图 1-48 所示【圆柱】对话框，在对话框中设置圆柱的"直径"为"50"，"高度"为"30"，在"指定矢量"选项中选择 Y 轴正方向，在"指定点"选项中选择坐标原点，单击【确定】按钮，创建如图 1-49 所示实体。

图 1-48 【圆柱】对话框

图 1-49 圆柱实体

4. 步骤 4：创建长方体

单击【长方体】工具条，系统弹出如图 1-50 所示【长方体】对话框，在对话框中设置长方体的"长"为"76"，"宽"为"20"，"高"为"40"，选择"指定点"选择项中的【点构造器】按钮，弹出如图 1-51 所示的【点工具】对话框，设置"XC""YC""ZC"的坐标分别为"0""10""-20"

单击【确定】按钮,系统返回【长方体】对话框,在"布尔"选项中选择"求和"方式,系统自动选择圆柱体为求和目标体,单击【确定】按钮,创建如图1-52所示实体。

图1-50 【长方体】对话框

图1-51 确定长方体起点

5. 步骤5:通过圆柱求差创建孔

单击【圆柱】工具,系统弹出如图1-53所示的【圆柱】对话框,在对话框中设置圆柱的"直径"为"30","高度"为"30",在"指定矢量"选项中选择Y轴正方向,在"指定点"选项中选择坐标原点,在"布尔"选项中,选择"求差",单击【确定】按钮,创建如图1-54所示实体。

图1-52 创建长方体

图1-53 【圆柱】对话框

6. 步骤6:通过长方体求差创建槽

单击【长方体】工具条,系统弹出如图1-55所示【长方体】对话框,在对话框中设置长方体的"长"为"42","宽"为"10","高"为"28",选择"指定点"选项中的【点构造器】按钮,弹出如图1-56所示的【点工具】对话框,设置"XC""YC""ZC"的坐标分别为"34""10"

项目1 UG NX 入门知识 | 25

"-14"单击【确定】按钮,系统返回【长方体】对话框,在"布尔"选项中选择"求差"方式,系统自动选择求差目标体,单击【确定】按钮,创建如图 1-57 所示实体。

图 1-54 圆柱求差

图 1-55 【长方体】对话框

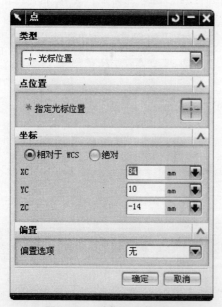

图 1-56 确定长方体起点

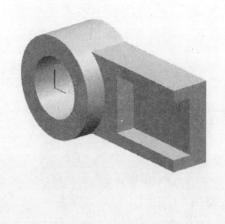

图 1-57 创建长方形槽

7. 步骤 7:通过长方体工具创建键槽

单击【长方体】工具条,系统弹出如图 1-58 所示【长方体】对话框,在对话框中设置长方体的"长"为"20","宽"为"30","高"为"8",选择"指定点"选择项中的【点构造器】按钮,弹出如图 1-59 所示的"点工具"对话框,设置"XC""YC""ZC"的坐标分别为"-20""0""-4"单击【确定】按钮,系统返回【长方体】对话框,在"布尔"选项中选择"求差"方式,系统自动选择求差目标体,单击【确定】按钮,创建如图 1-60 所示实体。

图1-58 【长方体】对话框

图1-59 确定长方体起点

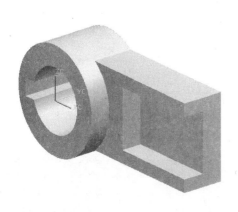
图1-60 创建键槽

图1-61 【圆柱】对话框

8. 步骤8：创建圆柱

单击【圆柱】工具，系统弹出如图1-61所示的【圆柱】对话框，在对话框中设置圆柱的"直径"为"10"，"高度"为"20"，在"指定矢量"选项中选择Y轴正方向，选择"指定点"选择项中的【点构造器】按钮，弹出如图1-62所示的【点工具】对话框，设置"XC""YC""ZC"的坐标分别为"46""15""0"单击【确定】按钮，系统返回【圆柱体】对话框，在"布尔"选项中选择"无"方式，单击【确定】按钮，创建如图1-63所示实体。

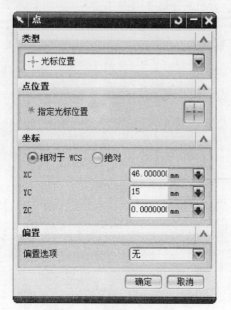
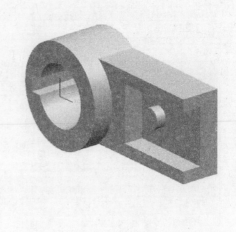

图1-62 圆柱中心位置　　　　　图1-63 创建圆柱实体

9. 步骤9：复制圆柱

选择菜单命令【编辑】→【移动对象】，或者单击【移动对象】工具条图标，系统弹出如图1-64所示对话框，在"选择对象"栏中，选择步骤8所建构的圆柱体，"运动"选项中选择"距离"，"指定矢量"选项中选择 XC 轴正向，"距离"栏中输入"18"，在"移动原先"还是"复制原先"栏中选择"复制原先"单击【确定】按钮，结果如图1-65所示。

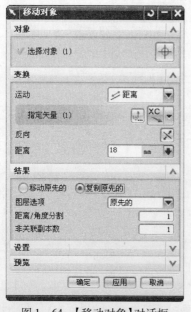
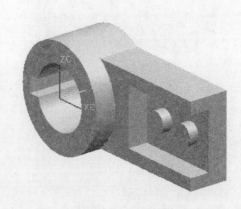

图1-64 【移动对象】对话框　　　　　图1-65 复制圆柱体

10. 步骤10：创建圆柱孔

单击【求差】工具图标，系统弹出如图1-66所示【求差】对话框，在"目标"栏中选择连接块本体，在"刀具"栏中选择两个小圆柱体，"保存目标"和"保存刀具"都不要选择，单击【确定】形成如图1-67所示的结果，至此连接块零件创建完成。

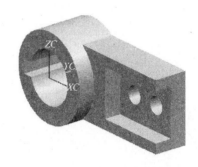

图1-66 "求差"对话框　　　　图1-67 连接块实体

11. 步骤11：熟悉常用操作

(1) 单击菜单栏【视图】，弹出如图1-68所示的菜单，选择"显示资源条"，在绘图区左边显示出如图1-69所示的资源条，单击【部件导航器】图标，弹出所建构的连接块零件的"模型历史记录"，此处记录了该零件所建构的全过程，在"模型历史记录"中可以对零件进行"隐藏"、"显示"、"删除"、"重新定义"、"重新排序"等操作。

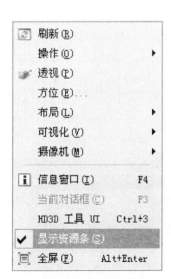
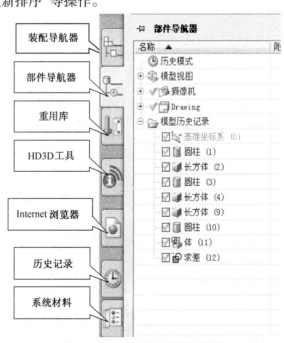

图1-68 视图菜单　　　　图1-69 资源条及部件导航器

(2) 单击【首选项】菜单，选择【背景】，在【编辑背景】对话框中将【着色背景】和【线框背景】都设定成普通白色。

(3) 改变零件的显示方位——顶视图、底视图、前视图、后视图、左视图、右视图、正等测和斜二测视图。

(4) 任意调整一个视图方位，打开【资源条】，在【部件导航器】中用鼠标右键选中【模型视图】，弹出视图快捷菜单，选中【添加视图】，用"01"名称保存。如图1-70所示。

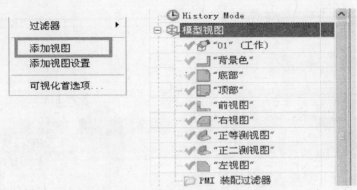

图1-70　添加模型视图

(5)将【视图】工具条中的【新建截面】、【编辑截面】、【剪辑截面】调出,单击【新建截面】,弹出【查看截面】对话框,可以方便地查看各个位置的截面情况,如图1-71所示。

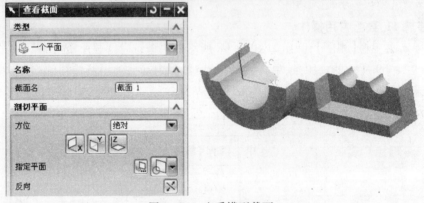

图1-71　查看模型截面

(6)熟悉使用鼠标直接移动、旋转、缩放模型,特别注意鼠标点在绘图区不同的位置旋转模型的回转轴不同。

(7)单击【视图】工具条中的【编辑对象显示】,系统弹出如图1-72所示对话框,试着改变模型所在图层、模型颜色、线型、以及透明度等项目,并观察变化。

(8)单击【实用工具】工具条中的【图层设置】,弹出如图1-73所示的对话框,将处于61层的坐标系隐藏,并练习新建图层、移动图层、改变工作图层等操作。

图1-72　"编辑对象显示"对话框

图1-73　图层设置

(9)关闭并保存文件。

拓 展 练 习

利用类似范例中的基本体素特征如【长方体】、【圆柱】、【圆锥】、【球】以及【布尔运算】、【点工具】、【矢量工具】等基本命令创建下图零件,并练习改变"背景"、"显示"、"图层"等基本操作。

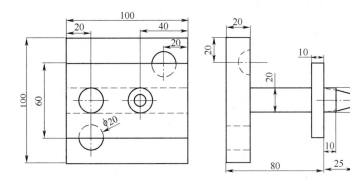

图1

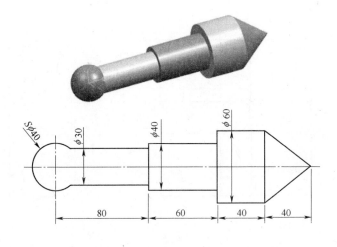

图2

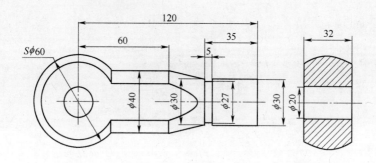

图 3

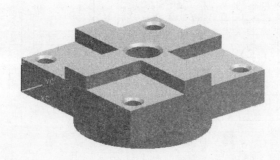

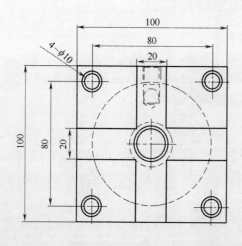

图 4

项目2　UG NX草图与曲线

本项目主要内容介绍:
任务一:"扳手"草图设计
任务二:UG NX曲线设计
拓展练习

任务一:"扳手"草图设计

2.1.1　任务描述

利用UG草图功能绘制如图2-1所示图形。图形、尺寸约束、几何约束均要求准确。

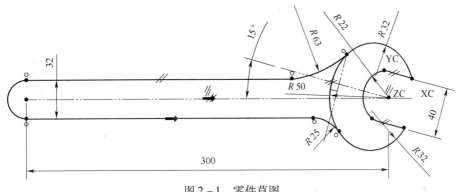

图2-1　零件草图

2.1.2　任务分析

草图功能是UG为用户提供的一种十分方便的画图工具。用户可以首先按照自己的设计意图,迅速勾画出零件的粗略二维轮廓,然后利用草图的尺寸约束功能和几何约束功能精确确定二维轮廓曲线的尺寸、形状和相互位置。草图绘制完成以后,可以用来拉伸、旋转或扫掠,以生成实体造型。草图对象与拉伸、旋转或扫掠,生成的实体造型密切相关。当草图修改以后,实体造型也发生相应的变化。因此,对于需要反复修改的实体造型,使用草图绘制功能以后,修改起来非常方便快捷。本范例主要练习直线、圆弧、整圆、圆角、尺寸约束、几何约束以及草图样式的修改等工具应用。

2.1.3　相关知识

1. 创建草图

UG NX8.0有两种草图模式:【直接草图】和【在任务环境下的草图】。【直接草图】是在原有的环境中绘制,在草图比较简单的情况下,可以提高效率;【任务环境下的草图】是在专门的草图模块下完成,适用于图形比较复杂的情况。虽然两种模式,但是绘制草图的步骤和原理都是一样的。在建模模块下,单击【特征】工具栏中的【在任务环境下的草图】图标 或选择菜单【插入】/【在任务环境下的草图】,该命令启动后系统弹出【创建草图】对话框,如图2-2所示。

草图的"类型"一般有两种,"在平面上"和"在轨迹上"。拉伸、旋转草图一般都选择"在平面上",扫掠截面草图有时选择"在轨迹上"。选择"在平面上"绘制草图后,"平面选项"是指要绘制草图的平面,它可以是零件上现有的平面,也可以是基准面,还可以新建平面。"草图方向"可以通过选择"水平"或"竖直"参考边来控制草图在平面上的摆放方位。

图2-2 创建草图

> **提示**
>
> 【直接草图】与【任务环境下的草图】绘图以及约束工具都相同,以下是按照【任务环境下的草图】介绍。当草图比较简单时,为了提高作图效率用户可以使用【直接草图】,这是 UG NX8.0 的新增功能。

2. 草图界面

确定草图平面后,单击【确定】,系统就进入绘制草图界面,如图2-3所示。

(1) 完成草图:表示完成草图曲线的绘制,退出草图任务环境。

(2) 草图名:表示草图特征的名称,默认是从"SKETCH—000"开始编号,用户可自己设定名称。一般用"SKETCH_021_000"开始,021表示所在图层。草图名还是选择已存在草图的依据。

(3) 定向草图:该图标用于把视图调整为草图方向,当在绘制草图时,转动了视图,就需要用该命令转到草图平面。

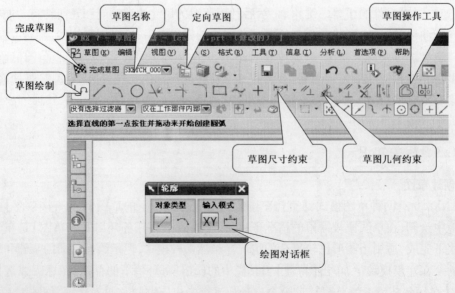

图2-3 草图界面

(4) 草图绘制工具:提供了绘制草图的"轮廓"、"直线"、"圆弧"、"圆"、"矩形"、"派生线"、"快速修剪"、"制作拐角"、"样条线"等常规命令。

(5) 尺寸约束:提供了"水平"、"竖直"、"半径"、"直径"、"角度"、"平行"、"垂直"以及"自动判断"等多种尺寸标注形式。

(6) 几何约束:提供了"平行"、"垂直"、"重合"、"相等"、"相切"、"水平"、"竖直"等多种几何约束。

3. 草图绘制

【草图绘制】工具组用来直接绘制各种草图对象,包括点和曲线等,如图2-4所示。下面介绍【草图绘制】工具组中主要按钮的操作方法。

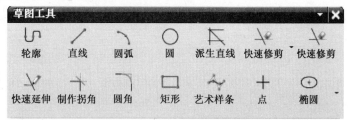

图2-4 【草图绘制】工具组

1) 轮廓

进入草图模块后,系统默认地激活【轮廓】对话框。【轮廓】对话框中包括【直线】、【圆弧】、【坐标模式】和【参数模式】等按钮,以线串的方式创建一系列的直线和圆弧,上一条曲线的终点自动成为下一条曲线的起点,并可以在【坐标模式】和【参数模式】之间自由地转换。图2-5为【轮廓】对话框及坐标栏。

图2-5 【轮廓】对话框及坐标栏

2) 直线

在【草图工具】工具条中,单击【直线】按钮,打开如图2-6所示的【直线】对话框和坐标栏。在视图中单击鼠标即可绘制出直线。如果单击【输入模式】选项组中的【参数模式】选项按钮,即可显示另一种绘制直线的参数模式,如图2-7所示。

图2-6 【直线】对话框和坐标栏   图2-7 另一种参数模式

3) 圆弧和圆

在【草图工具】工具条中,单击【圆弧】按钮和【圆】按钮,可打开【圆弧】对话框和【圆】对话框及坐标栏,如图2-8所示。它们的操作过程和直线相类似,这里不再赘述。

4) 派生直线

【派生直线】可以创建一条由已有直线推断出的新直线,可以是偏置直线、两平行线的等分线、等分角线等。单击派生线工具,选择要偏置的直线,在跟踪栏内输入偏置距离即可以得到

图2-8 【圆弧】和【圆】对话框及坐标栏

与已知直线平行的直线,如图2-9所示。单击派生线 工具,依次选择两条平行线,系统会自动创建与这两条平行线等距离的直线,长度可自定。如图2-10所示。单击派生线 工具,依次选择两条不平行的直线,系统会自动创建这两条线的角平分线,长度可自定,如图2-11所示。在生成角平分线时,所选择的两条直线不一定要有交点,只要两条直线延伸后能够相交即可。

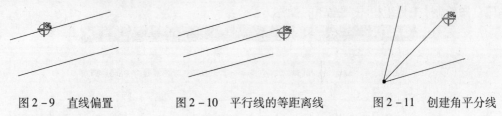

图2-9　直线偏置　　　　图2-10　平行线的等距离线　　　　图2-11　创建角平分线

5）快速修剪

【快速修剪】按钮 用来快速擦除线段分段。当单击【快速修剪】按钮 时,系统在提示栏中显示"选择要修剪的曲线"的信息,提示用户选择需要擦除的曲线分段。选择需要修剪的曲线部分即可擦除多余的曲线分段。用户也可以按住鼠标左键不放,来拖动擦除曲线分段。

6）快速延伸

【快速延伸】按钮 用来快速延伸一条直线,使之与另外一条直线相交。当选择的曲线延伸后与多条直线都有交点时,所选择的直线只延伸到离它最近的一个交点处,而不再继续延伸。如果用户需要延伸的交点不是这个最近的交点时,可以先将较近的这些直线隐藏,然后再使用【快速延伸】按钮 来延伸到自己满意的交点处。

所选择的直线必须和另一条直线延伸后有交点,而且只能延伸选择的直线,其他的直线不延伸。

7）圆角

【圆角】按钮 用来对直线倒圆角。单击【圆角】按钮 ,选择两条直线后,输入圆角半径即可在两条直线之间的生成圆角。圆角可以在两条直线之间生成,可以在直线和曲线之间生成,也可以在两条曲线之间生成。

4. 草图操作

【草图操作】工具组可以对各种草图对象进行操作,包括镜像曲线、偏置曲线、编辑曲线、编辑定义线串、添加现有曲线、相交曲线和投影曲线等,如图2-12所示。下面将详细介绍这些草图操作的方法。

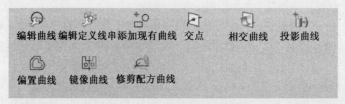

图2-12　【草图操作】工具组

1）镜像曲线

镜像曲线是以某一条直线为对称轴,镜像选取的草图对象。镜像操作特别适合于绘制轴对称图形。在【草图操作】工具条中单击【镜像曲线】按钮，打开如图 2-13 所示的【镜像曲线】对话框。

在【镜像曲线】对话框中，首先选择镜像中心线，再选择要镜像的曲线。用户选择需要镜像的草图对象后，原来显示为灰色的【确定】和【应用】按钮此时呈高亮度显示。用户只要单击【确定】或者【应用】按钮即可完成一次镜像操作。

图 2-14 为一个镜像操作得到的三角形。从图中可以看到，镜像后作为镜像中心的直线自动转换为参考对象，由实线变成了双点划线，变为参考对象。打开"显示约束符号"后可以看到镜像的要素之间有对称符号显示。

 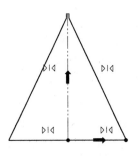

图 2-13　【镜像曲线】对话框　　　　　图 2-14　镜像曲线

2）偏置曲线

偏置曲线是把选取的草图对象按照一定的方式，如按照距离、按照线性规律或者拔模等方式偏置一定的距离。

在【草图操作】工具条中单击【偏置曲线】按钮，打开如图 2-15 所示的【偏置曲线】对话框。

在【偏置曲线】对话框中，显示了"要偏置的曲线"、"偏置"、"链连续性和终点约束"及"设置"等选项组。

绘制"偏置曲线"的操作过程一般如下。

（1）在绘图区选择需要偏置的曲线。

（2）设置偏置方式和参数。

（3）设置链连续性和终点约束。

（4）观察偏置方向，如果需要改变偏置方向，单击【反向】按钮即可。

（5）单击【确定】或者【应用】按钮。

图 2-16 为按照不同规律偏置曲线和按照不同修剪方式偏置曲线的例子。曲线 1、2 和 3 为原曲线，其他曲线为偏置曲线，其中，曲线 5 是按照"距离"偏置方式生成的，曲线 4 是按照"线性规律"偏置方式生成的，且曲线 4 的偏置方向进行了反向；曲线 6 是按照"距离"偏置方式偏置圆的例子，可以看到圆偏置后仍然是圆；曲线 7、8 也是按照"距离"偏置方式生成的，但是修剪方式不同，曲线 7 是按照"延伸相切"修剪方式偏置生成的，曲线 8 是按照"圆角"修剪方式偏置生成的。

3）编辑曲线

编辑曲线是指对草图对象进行一些编辑，如编辑曲线参数、修剪曲线、分割曲线、编辑圆角、改变圆弧曲率和光顺样条曲线等。

在【草图操作】工具条中单击【编辑曲线】按钮，打开【编辑曲线】对话框，同时也打开一

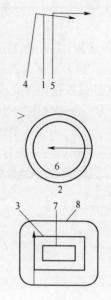

图2-15 【偏置曲线】对话框　　　　图2-16 偏置曲线的例子

个【跟踪条】对话框,显示鼠标当前的位置如图2-17所示。

在【编辑曲线】对话框的顶部有6个按钮,它们分别是【编辑曲线参数】按钮、【修剪曲线】按钮、【分割曲线】按钮、【编辑圆角】按钮、【拉长】按钮和【圆弧长】按钮。当单击这些按钮后,系统将打开相应的对话框,用户可以在打开的对话框中相应地编辑草图对象。

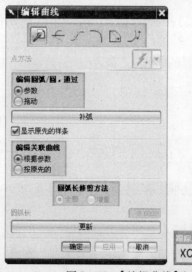

图2-17 【编辑曲线】和【跟踪条】对话框

4) 投影曲线

投影曲线是把选取的几何对象沿着垂直于草图平面的方向投影到草图中。这些几何对象可以是在建模环境中创建的点、曲线或者边缘,也可以是草图中的几何对象,还可以是由一些曲线组成的线串。添加现有曲线时,螺旋线和样条曲线不能通过【添加现有曲线】按钮添加到草图中,此时可以使用投影方式把它们投影到草图平面中。

在【草图操作】工具条中单击【投影曲线】按钮,打开【投影曲线】对话框,如图2-18所示。

【投影曲线】对话框中的参数设置说明如下。

(1) 选择曲线输出类型。"输出曲线类型"下拉列表框有三个选项,它们分别代表三种曲线输出类型,第一个是"原先的"选项,即输出的曲线类型和选取的投影曲线类型相同,这是系统默认的输出类型;第二个是"样条段"选项,即输出的曲线是由一些样条段组成的;第三个是"单个样条"选项,即输出的曲线是一条样条曲线。

(2) 设置公差。在"公差"文本框中输入适当的公差,系统将根据用户设置的公差来决定是否将投影后的一些曲线段连接起来。图 2-19 将样条曲线投影到草图平面中。

图 2-18 【投影曲线】对话框

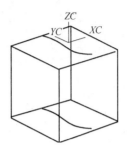

图 2-19 曲线投影

5. 草图约束

完成草图设计后,轮廓曲线就基本上勾画出来了,但这样绘制出来的轮廓曲线还不够精确,不能准确表达设计者的设计意图,因此还需要对草图对象施加约束。

草图绘制功能提供了两种约束:一种是尺寸约束,它可以精确地确定曲线的长度、角度、半径或直径等尺寸参数;另一种是几何约束,它可以精确地确定曲线之间的相互位置,如同心、相切、垂直或平行等几何参数。对草图对象施加尺寸约束和几何约束后,草图对象就可以精确地确定下来了。

1) 尺寸约束

尺寸约束用来确定曲线的尺寸大小,包括水平长度、竖直长度、平行长度、两直线之间的角度、圆的直径以及圆弧的半径等,如图 2-20 所示。

图 2-20 尺寸约束

自动判断的尺寸：自动判断的尺寸是系统默认的尺寸类型,当用户选择草图对象后,系统会根据不同的草图对象,自动判断可能要施加的尺寸约束。例如,当用户选择的草图对象是斜线时,系统显示平行尺寸。单击鼠标左键,在弹出的"表达式"文本框中输入合适的数值,按下 Enter 键,即可完成斜线的尺寸约束。

水平和竖直：水平和竖直尺寸约束用来对草图对象施加水平尺寸约束和竖直尺寸约

束。用户选择一条直线或者某个几何对象的两点,修改尺寸约束的数字即可完成水平尺寸约束和竖直尺寸约束。这两个约束一般用于标注水平直线或者竖直直线的尺寸约束。

平行和垂直:平行和垂直尺寸约束用来对草图对象施加平行或者垂直于草图对象本身的尺寸约束。操作方法和水平尺寸约束的方法相同,这里不再赘述。这两个约束一般用于标注斜直线或者某些几何体的高度。

直径和半径:直径和半径尺寸约束用来标注圆或者圆弧的尺寸大小,一般来说,圆标注直径尺寸约束,圆弧标注半径尺寸约束。

成角度:成角度尺寸约束用来创建两直线之间的角度约束。选择两条直线后,修改尺寸数据即可创建角度尺寸约束。

周长:周长尺寸约束用来创建直线或者圆弧的周长约束。

2) 几何约束

几何约束用来确定草图对象之间的相互关系,如平行、垂直、同心、固定、重合、共线、中心、水平、相切、等长度、等半径、固定长度、固定角度、曲线斜率以及均匀比例等。由于一些几何约束的操作方法基本相同,下面将分成几类来介绍各种几何约束的操作方法。

(1) 施加几何约束的方法。

施加几何约束的方法有两种:一种是手动施加几何约束;另一种是自动施加几何约束。

手动施加几何约束:在【草图约束】工具条中单击【约束】按钮,系统提示用户"选择需要创建约束的曲线"的信息。当选择一条或者多条曲线后,系统将在绘图区显示曲线可以创建的【约束】对话框,而且选择的曲线高亮度显示在绘图区。图 2 – 21 为选择一条竖直直线和一条水平直线后,系统显示的【约束】对话框。

图 2 – 21 【约束】对话框

用户在【约束】对话框中单击相应的约束按钮,即可对选择的曲线创建几何约束。

自动施加几何约束:自动施加几何约束是指用户选择一些几何约束后,系统根据草图对象自动施加合适的几何约束。在【草图约束】工具条中单击【自动约束】按钮,打开如图 2 – 22 所示的【自动约束】对话框。

用户在【自动约束】对话框中选择可能用到的几何约束,如选中"水平"、"垂直"、"相切"复选框等,再设置距离公差和角度公差,单击【应用】或者【确定】按钮,系统将根据草图对象和用户选择的尺寸约束,自动在草图对象上施加尺寸约束。

(2) 几何约束的类型。

UG 为用户提供了多种可以选用的几何约束,当用户选择需要创建几何约束的曲线后,系统根据用户选择的曲线自动显示几个可以创建的几何按钮。下面将分类介绍这些几何约束及其按钮符号的含义。

水平、竖直:这两个类型分别约束直线为水平直线和竖直直线。

平行、垂直:这两个类型分别约束两条直线相互平行和相互垂直。

共线:该类型约束两条直线或多条直线在同一条直线上。

同心:该类型约束两个或多个圆弧的圆心在同一点上。

图 2-22 【自动约束】对话框

相切 ○：该类型约束两个几何体相切。

等长 、等半径 ：等长几何约束约束两条直线或多条直线等长。等半径几何约束约束两个圆弧或多个圆弧等半径。

固定 ：固定几何约束可以用来固定点、直线、圆弧和椭圆等。当选择的几何对象不同时，固定的方法也不相同。例如，当选择的几何对象是点时，固定点的坐标位置；而当选择的是圆弧时，固定圆弧的圆心和半径。

重合 ：该类型约束两个点或多个点重合。

点在曲线上 ：该类型约束一个或者多个点在某条曲线上。

中点 ：该类型约束点在某条直线或者圆弧的中点上。

3）编辑草图约束

尺寸约束和几何约束创建后，用户有时可能还需要修改或者查看草图约束。

（1）显示所有约束。

在【草图约束】工具条中单击【显示所有约束】按钮 ，选择一条曲线后，系统将显示所有和该曲线相关的草图约束。单击鼠标左键选择一个草图约束后，系统在提示栏中会显示约束类型和全部选中的约束个数。

（2）显示/移除约束。

在"草图约束"工具条中单击【显示/移除约束】按钮 ，打开如图 2-23 所示的【显示/移除约束】对话框。选定某个对象，该对象上的约束都会显示在显示区内。可以移除一个或多个约束。此功能在图样出现过约束时，经常用到。

2.1.4 操作步骤

1. 步骤1：新建文件

启动 UG NX8.0 软件，在软件初始界面单击左上角的【新建】按钮，在弹出的【新建】对话

图 2-23 【显示/移除约束】对话框

框中选择新建模型,在"新建文件名"下方的"名称"输入框中输入"caotu",在"文件夹"输入框输入"D:\UG_FILES\CH2\",单击【确定】按钮关闭对话框,开始新建一个模型文件。

2. 步骤 2:进入草图模式

单击【特征】工具栏中的【任务环境中的草图】图标 或选择菜单【插入】/【任务环境中的草图】,该命令启动后系统弹出【创建草图】对话框,选择系统默认自动选择的 XOY 平面为草图平面,参考方向为 X 轴正向,如图 2-24 所示,单击【确定】。

图 2-24 【创建草图】对话框

3. 步骤 3:绘制圆和中心线

绘制一个圆心在原点,直径为 100 的整圆,并任意绘制一条水平直线,将其转变为参考对象,并利用几何约束将中心线与 X 轴共线,如图 2-25 所示。

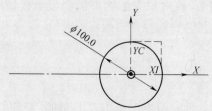

图 2-25 绘制中心线和圆

4. 步骤4：绘制手柄

绘制两条水平线，和一个半圆，尺寸约束如图2-26所示。长度至圆心300，宽度32，半圆与两直线相切。绘制时可以灵活运用尺寸工具和几何约束工具。

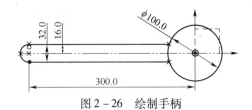

图2-26 绘制手柄

5. 步骤5：绘制两处圆角

单击草图工具中的【圆角】图标，弹出如图2-27所示的创建圆角对话框，选择系统默认选择的第一个【修建圆角】，依次选择上面的直线和圆弧，输入半径63，确定。再选择下面一根曲线和圆弧，输入半径25，确定。形成如图2-28结果。

图2-27 圆角对话框

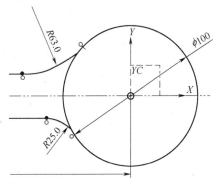

图2-28 创建两处圆角

6. 步骤6：修剪曲线

单击草图工具栏中的【快速修剪】命令，系统弹出如图2-29所示对话框，在"要修剪的曲线"栏内选择直径100的大圆的两处切点右边，修剪结果如图2-30所示。

图2-29 修剪曲线

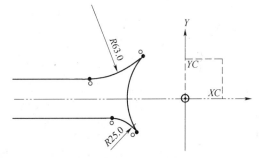

图2-30 修剪结果

7. 步骤7：绘制扳手轮廓对称线

过原点绘制如图2-31所示的直线2，并用尺寸约束15°，然后将其转变为参考对象。

8. 步骤8：绘制R32圆弧

单击草图工具栏中的【圆弧】按钮，系统弹出【圆弧】对话框，选择【三点圆弧】，绘制如图2-32所示两处R32圆弧。注意保证与前面线段相切。

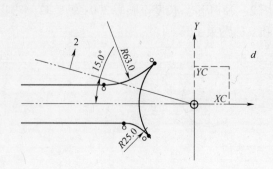
图 2-31 绘制对称线

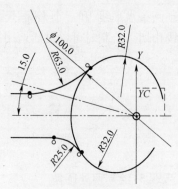
图 2-32 绘制两处 R32 圆弧

9. 步骤 9：绘制两平行直线

单击草图工具栏中的【轮廓】⌒或者【直线】╱按钮，绘制如图 2-33 所示两条直线。约束两直线都与 15°对称线平行，标注宽度尺寸 40 和位置尺寸 20。采用【制作拐角】┼命令将两个角修剪。

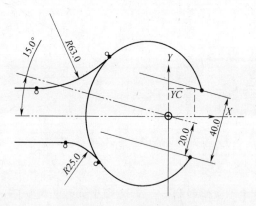
图 2-33 绘制两条直线

10. 步骤 10：绘制圆弧

以原点为圆心绘制 R22 圆弧，多余线段采用【快速修剪】、【快速延伸】或【制作拐角】修剪，结果如图 2-34 所示。

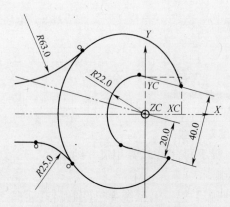
图 2-34 绘制 R22 圆弧

任务二:UG NX 曲线设计

2.2.1 任务描述

利用 UG 曲线功能绘制如图 2-35 所示图形。

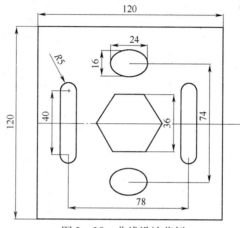

图 2-35 曲线设计范例

2.2.2 任务分析

曲线设计功能主要包括曲线的构造、编辑和其他操作方法。在 UG NX 软件中,曲线的构造中有点、点集以及各类曲线的生成功能,包括直线、圆弧、矩形、多边形、椭圆、样条曲线和二次曲线等;在曲线的编辑功能中,用户可以实现曲线修剪、编辑曲线参数和拉伸曲线等多种曲线编辑功能。此外,曲线的操作功能还包括曲线的连接、投影、简化和偏移等操作。所建曲线具有如下作用:

(1)建立实体截面的轮廓线,以便通过拉伸、旋转等操作构造三维立体或片体。
(2)利用自由曲面建模功能,用曲线建立曲面,以便进行复杂的立体造型。
(3)用作建模的辅助线,如扫描的引导线等。
(4)建立的曲线添加到草图里进行参数化设计。

本任务主要应用一些基本的曲线命令如矩形、椭圆、多边形、基本曲线等工具在平面内绘制曲线。

2.2.3 相关知识

选择【插入】/【曲线】菜单,或调出曲线工具条,如图 2-36 所示,可以建立直线、圆弧、多边形、样条曲线以及圆锥曲线等。

图 2-36 【曲线】工具条

注意

此处的工具条是通过【定制】的,UG NX8.0默认情况下【曲线】工具条中没有【椭圆】、【抛物线】等复杂曲线命令,也没有【基本曲线】命令,但都可以通过【定制】将它们调出。

1. 基本曲线

1)直线

在【曲线】工具条中单击【基本曲线】按钮,打开【基本曲线】对话框,如图2-37所示,单击其中的【直线】按钮,出现如图2-38所示的直线【跟踪条】对话框。直线构造的方法有很多,这里主要介绍几种常用方法的操作步骤。

图2-37 构造直线的【基本曲线】对话框

图2-38 直线【跟踪条】对话框

(1)通过两点建立直线。在屏幕上定义两点,通过这两点建立直线,或者在对话框中输入 XC、YC 和 ZC 的坐标值,然后按回车键。若要建立与 X、Y、Z 轴平行或垂直线,可选择平行于某个轴。否则建立的是斜线。

(2)通过一点与 XC 轴成一定角度。

① 定义起始点。

② 在对话框的角度域中 输入值并按回车(以 XC 轴正向为参考方向,逆时针为正),与 XC 轴正向成此角度或此角度加180°的直线就被建立了,取决于鼠标相对于起点的位置。

③ 直线的长度可用鼠标指定。

(3)通过一点与一直线平行。

① 选择直线,注意不要选择控制点;

② 定义起始点;

③ 移动鼠标,此时所画直线与选定直线平行或垂直;

④ 直线的长度可用鼠标任意选取,或在对话框的长度域中 输入值并按回车。

(4)给出一个偏置距离,作一条直线与已知直线平行。首先应注意图2-37中"按给定距离平行"中两个参数的设置,若选项设置为"原先的",则给出的偏置距离都从原来的直线算起:若选项设置为"新建"则给出的偏置距离从新建立的直线算起。关掉线串模式,选择直线,在对话条的偏置域中 ▯ 给出偏置距离。单击应用或回车按钮,若连续单击应用按钮,则可建立若干个偏置直线。

(5)通过一点建立圆弧的切线或法线。
① 选择圆弧,注意不要选择控制点上。
② 定义起始点。
③ 移动鼠标,注意切线和法线的变化,满意时单击鼠标左键,如图 2-39 所示。

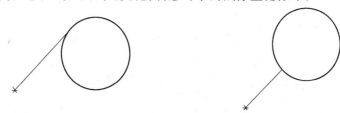

图 2-39 通过一点建立圆弧的切线或法线

(6)建立与一圆弧相切,并与另一个圆弧相切或垂直的直线。
① 选择第一个圆弧,注意不要选择控制点。
② 选择第二个圆弧,注意不要选择控制点。
③ 移动鼠标,注意状态相切或法线。

(7)建立一条新直线,与一圆弧相切,与一已知直线平行、垂直或成一定角度。
① 首先选择圆弧,注意不要选择控制点。
② 其次选择直线,注意不要选择控制点。
③ 移动鼠标,注意状态平行、垂直或成角度,若建立成一定角度的直线,则在跟踪栏的角度域中输入值并按回车。

(8)建立一条新直线,平分两条直线的夹角。
① 选择第一条直线,注意不要选择控制点。
② 选择第二条直线,注意不要选择控制点。
③ 两条直线有 4 个夹角,移动鼠标可以平分任意夹角。
④ 新直线的长度可以用鼠标确定或在跟踪栏的长度域中输入确定。

(9)建立一条新直线,位于两条平行直线的中间。
① 选择第 1 条直线,与选择点接近的端点为新直线的起点。
② 选择与第 1 条直线平行的直线。
③ 移动鼠标产生新直线与所选直线平行,并且位于两条平行直线的中间。

2)圆弧

在【基本曲线】对话框中,单击【圆弧】按钮 ▯,【基本曲线】对话框变为如图 2-40 所示的情况,【跟踪条】对话框变为如图 2-41 所示的情况。

(1)① 【整圆】复选框:选中该复选框,则创建圆弧时系统会以全圆的形式显示该圆弧。该复选框是在【线串模式】复选框取消时才能被激活的。

(2)② 【备选解】按钮:当选择了绘图区中的两点后,单击【备选解】按钮,系统会显示与没有单击该按钮时创建圆弧互补的那段圆弧。

(3)③ 【创建方式】:该选项可让用户选择采用何种方式来创建圆弧,系统提供的【起点、

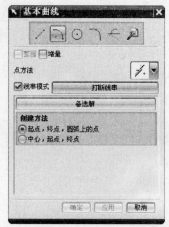

图2-40 构造圆弧的【基本曲线】对话框

图2-41 构造圆弧的【跟踪条】工具条

终点、弧上的点】和【圆心、起点、终点】两个单选按钮,即两种创建圆弧方式。圆弧的构造方式除以上两种外,还可直接在【跟踪条】对话框的 XC 文本框、YC 文本框和 ZC 文本框中输入圆心坐标,在【半径】或【直径】文本框中输入半径或直径值,在【起始角】文本框和【终止角】文本框中分别输入起始圆弧角和终止圆弧角,系统也能按给定条件创建圆弧。

3) 圆形

在【基本曲线】对话框中,单击【圆】按钮⊙,接下来的操作过程跟圆弧相类似,而且更为简单。

4) 倒圆角

在【基本曲线】对话框中,单击【圆角】按钮,打开【曲线倒圆】对话框,如图2-42所示。倒圆角有三种方式:简单倒圆角、两曲线倒圆角和三曲线倒圆角。

图2-42 【曲线倒圆】对话框

(1) 简单倒圆角。简单倒圆角方式主要用于在两条共面但不平行的直线间的倒圆角。当选择这种倒圆角方式时,在【半径】文本框中输入圆角半径或单击【继承】按钮后选择一个已存在的圆角,以其半径作为当前圆角半径后,将选择球移至欲倒圆角的两条直线交点处,单击鼠标左键即可完成倒圆角。

(2)两曲线倒圆角。两曲线倒圆角方式操作为:在【半径】文本框中输入圆角半径,或者单击【继承】按钮后选择一个已存在的圆角,以其半径作为当前圆角半径。接下来先选择第1条曲线,然后选择第2条曲线,再设定一个大概的圆心位置即可。

(3)三曲线倒圆角。三曲线倒圆角方式是用3条曲线来构造圆角,操作方法与上面的两曲线倒圆角类似,依次选择3条曲线,再确定一个倒角圆心的大概位置,系统会自动进行倒圆角操作。

5)修剪

在【基本曲线】对话框中,单击【修剪】按钮,打开【修剪曲线】对话框,如图2-43所示。修剪曲线操作是按照【修剪曲线】对话框的要求完成的,主要包括4个步骤:

(1)选择要修剪的曲线,可以是一条或者多条。

(2)选择第1边界对象。

(3)选择第2边界对象。

(4)针对对话框中的设置选项,按要求设置以下的选项,包括【关联】复选框、【修剪边界对象】复选框、【保持选定边界对象】复选框和【输入曲线】下拉列表框等。

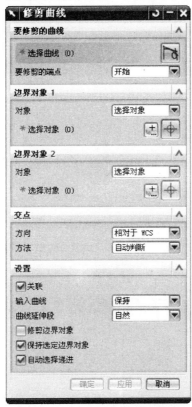

图2-43 【修剪曲线】对话框

6)编辑曲线参数

在【基本曲线】对话框中,单击【编辑曲线参数】按钮,【基本曲线】对话框变为编辑曲线参数环境下的对话框方式,如图2-44所示。下面对其主要的选项进行介绍。

(1)【编辑圆弧/圆,通过】选项组:此选项组用于设置编辑曲线的方式,包括【参数】单选按钮和【拖动】单选按钮。

图 2-44 编辑曲线参数的【基本曲线】对话框

(2)【补弧】按钮:用于显示某一圆弧的互补圆弧。

(3)【编辑关联曲线】选项组:此选项组用于设置编辑关联曲线后,曲线间的相关性是否存在。如果选择【根据参数】单选按钮,那么原来的相关性仍然会存在;如果选择【按原先的】单选按钮,原来的相关性将会被破坏。

2. 样条曲线

在 UG NX 软件中,样条曲线的操作是通过在【曲线】工具条中单击【样条】按钮 ～,弹出的【样条】对话框如图 2-45 所示。

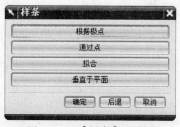

图 2-45 【样条】对话框

样条曲线的构造方法有 4 种:通过点、根据极点、拟合和垂直于平面。前面三种构造方法如图 2-46 所示。

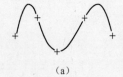
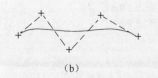
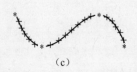

(a)　　　　　　　　　(b)　　　　　　　　　(c)

图 2-46 样条曲线的三种构造方法
(a) 通过点;(b) 根据极点;(c) 拟合。

3. 椭圆

在【曲线】工具条中单击【椭圆】按钮 ⊙,打开【点】对话框,输入椭圆中心点的坐标值,单击【确定】按钮,弹出【椭圆】对话框,依次输入椭圆参数,包括:长半轴、短半轴、起始角、终止角、旋转角度,如图 2-47 所示。

4. 抛物线

抛物线的构造过程同椭圆构造相类似,只是弹出的【抛物线】对话框参数设置有诸多差别,如图 2-48 所示,这里就不再赘述。

图 2-47 【椭圆】对话框

图 2-48 【抛物线】对话框

5. 双曲线

双曲线构造过程也同椭圆情况相类似,图 2-49 为【双曲线】对话框,这里不再赘述。

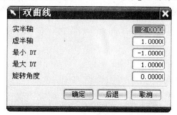

图 2-49 【双曲线】对话框

6. 规律曲线

规律曲线命令通过定义 X、Y、Z 分量来创建一定规律的曲线。如渐开线、正弦曲线等。规律曲线的规律控制类型共有 7 种,如图 2-50 所示。对于所有规律样条,必须组合使用这些选项。如 X 分量可能是线性规律,Y 分量可能是等式规律,而 Z 分量可能是常数规律,通过组合不同的选项,可以控制曲线的形状。

图 2-50 【规律函数】对话框

7. 螺旋线

在【曲线】工具条中单击【螺旋线】 的图标,弹出如图 2-51 所示【螺旋线】对话框。选择确定螺旋线半径的方法,输入【圈数】、【螺距】、左旋或右旋、定义螺旋线矢量方位、定义螺旋线的起点,就可以建构一条螺旋线。

8. 文本

UG NX 草图中并没有文本工具,所以凡是要用文本工具都必须采用曲线功能。在【曲线】工具条中单击【文本】 的图标,系统弹出如图 2-52 所示【文本】对话框,【类型】有"平面的"、"曲线上"、"曲面上",【文本放置】可以选择按一定的曲线形状来放置文本,在【文本属性】栏内输入文本内容,选择字体大小、样式,选择放置点,单击鼠标左键,此时出现如图 2-53 所示的文本内容,四周的控制点可以随机调节位置和大小。值得注意的是,此处 UG 是支持中文文本的。

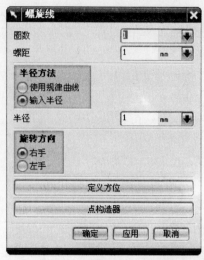
图2-51 【螺旋线】对话框

图2-52 【文本】对话框

图2-53 曲线文本

2.2.4 任务设计步骤

1. 步骤1：新建文件

启动UG NX8.0软件，在软件初始界面单击左上角的【新建】按钮，在弹出的【新建】对话框中选择新建模型，在"新建文件名"下方的"名称"输入框中输入"quxian"，在"文件夹"输入框输入"D:\UG_FILES\CH2"，单击【确定】按钮关闭对话框，开始新建一个模型文件。

2. 步骤2：调整角色与工具条

将"角色"修改为"具有完整菜单的基本功能"，调出【曲线】工具条并将【基本曲线】、【多边形】、【椭圆】、【矩形】等放在显示位置，如图2-54所示。

图2-54 曲线工具条

3. 步骤3：改变跟踪条的设置

单击菜单【首选项】\【用户界面】弹出如图2-55所示的【用户界面首选项】对话框，将【在跟踪条中跟踪光标位置】前的勾去掉。这样设置的目的是为了在绘制曲线时，跟踪条中的坐标数值不随鼠标的光标移动而变动。

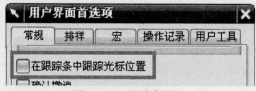
图2-55 跟踪条设置

4. 步骤4：绘制正六边形

单击【曲线】工具条中的【多边形】工具，弹出如图2-56所示的【多边形】对话框，输入边数6，【确定】，弹出如图2-57所示的多边形控制类型对话框，选择【内接半径】，输入内接半径18，方位角0°，如图2-58所示，中心点用默认的工作坐标原点，最后【确定】。生成如图2-59所示的正六边形。

图2-56　【多边形】对话框

图2-57　【多边形】对话框

图2-58　【多边形】参数

图2-59　创建正六边形

5. 步骤5：绘制正方形

单击【曲线】工具栏中的【矩形】图标□，起点输入(-60,-60,0)，终点输入(60,60,0)，结果如图2-60所示。

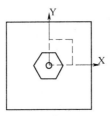

图2-60　创建矩形

6. 步骤6：创建椭圆

单击【曲线】工具栏中的【椭圆】图标◎，弹出【点工具】，输入椭圆中心(0,-37)单击【确定】，弹出如图2-61所示的【椭圆】对话框，输入"长半轴"为12，"短半轴"为8，"起始角"为0°，"终止角"为360°，"旋转角度"为0°，单击【确定】绘制出如图2-62所示结果。

图2-61　【椭圆】对话框

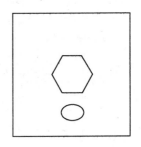

图2-62　创建椭圆

7. 步骤7：利用【变换】工具镜像椭圆

单击菜单【编辑】→【变换】弹出【变换】对话框，如图2-63所示。选择椭圆曲线后，【确定】，系统弹出【变换】方法对话框如图2-64所示，选择【通过一直线镜像】→【使用点和矢量】，选择点(0,0)和 XC 轴，再选择【复制】，完成，结果如图2-65所示。此处也可以用【曲线】→【镜像曲线】工具操作，也可以用【编辑】→【移动对象】工具操作，读者可以自己练习一下。

图2-63 【变换】对话框　　图2-64 【变换类型】对话框　　图2-65 创建椭圆

8. 步骤8：绘制基本曲线

单击【曲线】工具栏中的【基本曲线】图标，弹出如图2-66所示的【基本曲线】对话框，选择【整圆】命令，在跟踪条中输入 Xc-39，Yc20，回车，再输入半径5，回车，再在【基本曲线】对话框中单击一下【整圆】的图标，绘制出如图2-67所示的圆。用同样的方法绘制其他三个圆，如图2-68所示。

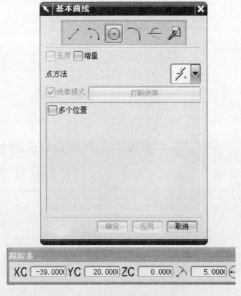

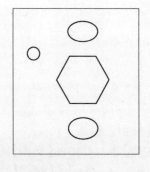

图2-66 基本曲线对话框　　图2-67 绘制圆

选择【基本曲线】的【直线】命令，绘制4根直线，注意控制相切，如图2-70所示。

选择【基本曲线】的【裁剪】命令，将4个半圆裁剪掉，注意【裁剪】对话框设置，如图2-69所示，完成结果如图2-71所示。

9. **步骤9**：保存文件，并关闭软件。

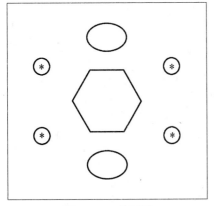

图2-68 绘制圆

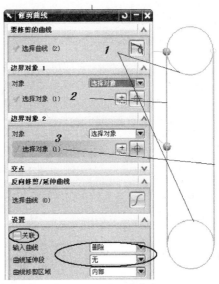

图2-69 【裁剪】设置

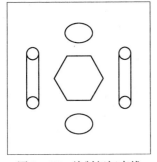

图2-70 绘制相切直线

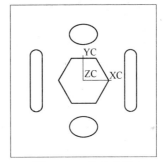

图2-71 裁剪曲线

拓 展 练 习

1. 草图练习

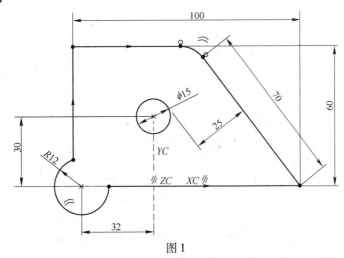

图1

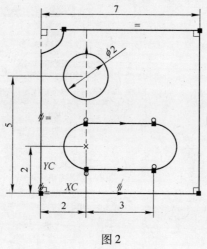

图 2

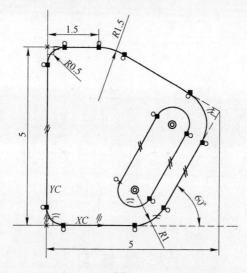

图 3

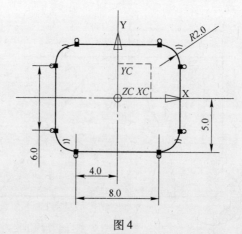

图 4

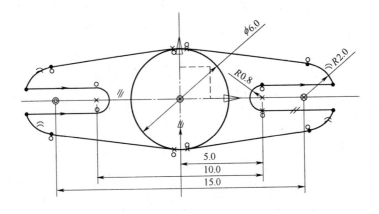

图 5

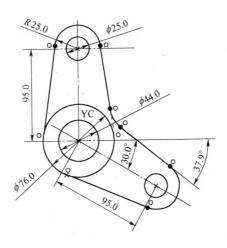

图 6

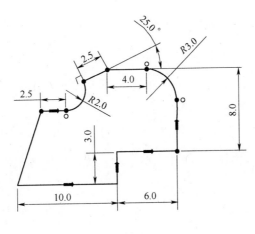

图 7

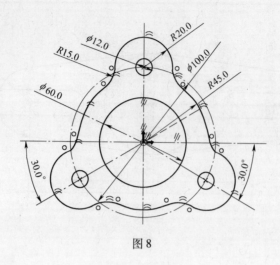

图 8

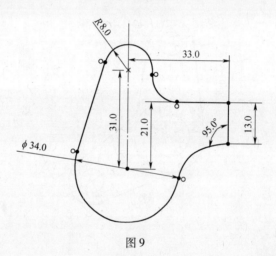

图 9

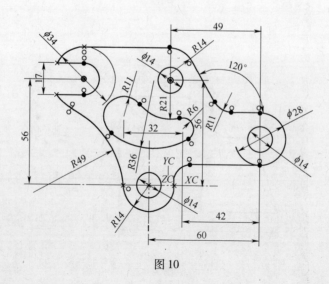

图 10

2. 曲线拓展练习

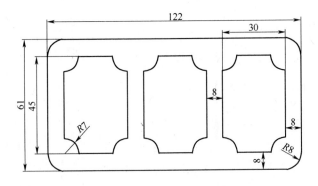

图 11

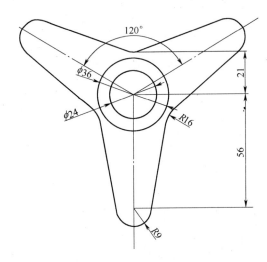

图 12

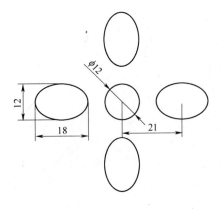

图 13

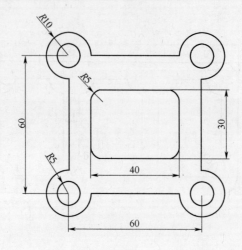

图 14

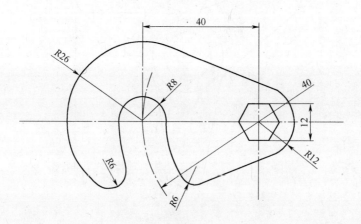

图 15

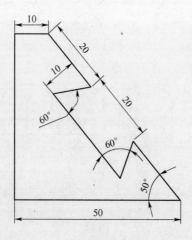

图 16

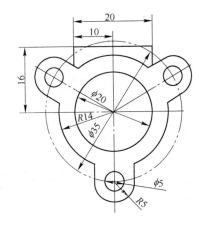

图 17

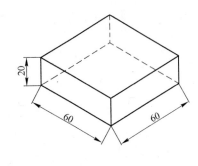

图 18

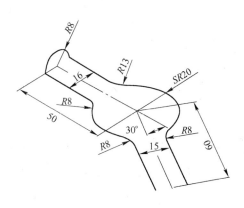

图 19

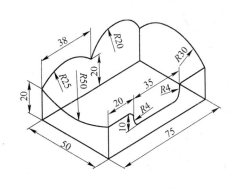

图 20

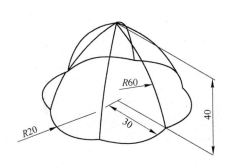

图 21

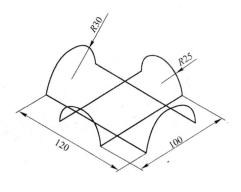

图 22

模具CAD/CAM

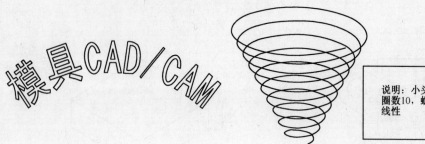

图 23

说明：小头直径10，大头直径60，
圈数10，螺距5，半径变化规律：
线性

图 24

Z
ZC
YC
Y
XC
X

图 25

表达式

列出的表达式

命名的

名称	公式	值	单位	类型
t (规律曲线...	1	1	mm	数量
xt (规律曲...	100*cos(t*360)	100	mm	数量
yt (规律曲...	100*sin(t*360)	-4.68...	mm	数量
zt (规律曲...	6*sin(t*360*12)	-3.58...	mm	数量

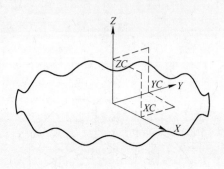

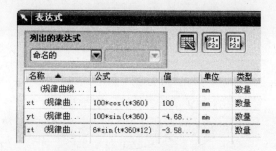

图 26　图 25 提示

项目3　UG NX 模具零件建模

本项目以一副冷冲压复合模具的设计为例,介绍 UG NX 的基本建模模块,主要包括如下任务:

任务一:导套设计
任务二:模柄设计
任务三:顶件块设计
任务四:凸凹模固定板设计
任务五:凹模设计
任务六:下模座设计
任务七:弹簧设计
拓展练习

模具基本零件建模范例

任务一:导套设计

3.1.1　任务描述

用 UG 软件设计如图 3-1 所示的导套零件图。

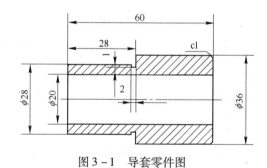

图 3-1　导套零件图

3.1.2　任务分析

该零件为一典型回转体套类零件。本范例对该零件采用①建圆柱→②建凸台→③建孔→④建倒角→⑤建沟槽→⑥完成。本任务主要练习基本设计特征【圆柱】、【凸台】、【槽】的创建步骤。

3.1.3　设计步骤

1. 步骤1:新建文件

启动 UG NX8.0 软件,在软件初始界面单击左上角的【新建】按钮,在弹出的【新建】对话框中选择新建模型,选择毫米单位,在"新建文件名"下方的"名称"输入框中输入"dao_zhu",在"文件夹"输入框输入"D:\UG_FILES\CH3\",单击【确定】按钮关闭对话框,开始新建文件。

2. 步骤2：改变角色

在"资源条"中单击【角色】，选择【具有完整菜单的基本功能】。

> **提示**
>
> 在UG NX8.0中，【基本功能】角色的【设计特征】菜单条中无【基本体素】特征工具，如【圆柱】、【长方体】、【圆锥】等。

3. 步骤3：创建圆柱

单击【插入】→【设计特征】→【圆柱】，或者使用【定制】功能将圆柱图标调出，并单击；在系统弹出的图3-2【圆柱】对话框中，"类型"选择"轴、直径和高度"，指定XC正方向为圆柱的高度方向，选择坐标原点(0,0,0)为圆柱起始点，在尺寸栏内输入"直径"为36，"高度"为32，单击确定建构圆柱，如图3-3所示。

图3-2 【圆柱】对话框　　　　图3-3 创建的圆柱

4. 步骤4：创建凸台

单击【插入】→【设计特征】→【凸台】，或者直接单击凸图标，弹出如图3-4所示的【凸台】对话框，输入直径28、高度28，选择圆柱前表面为放置面，选择点到点定位，如图3-5所示，选择圆柱前表面圆心，建构圆台，如图3-6所示。

图3-4 【凸台】对话框　　图3-5 【定位】对话框　　图3-6 创建的凸台

5. 步骤5：建构中间通孔

（1）在【当前图层】栏内输入21并回车，将当前层改为21层；

（2）单击【直接草图】图标，选择圆柱底面作为绘图平面，绘制一直径为20的圆，如图3-7所示。

（3）单击拉伸工具，选择所画草图，在【深度】选项中选择"贯通"，布尔运算选择"求差"，确定，形成通孔，如图3-8所示。

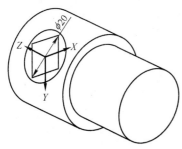

图3-7 绘制草图

图3-8 拉伸创建通孔

（4）将【当前图层】设回1层,单击【图层设置】图标,将21图层前的勾去除,使21层不可见,将草图隐藏。

6. 步骤6:创建倒角

单击【倒斜角】工具,选择"对称",选择两两端倒角边,输入尺寸1,确定。

7. 步骤7:创建退刀槽

单击【槽】工具,弹出如图3-9所示【槽】对话框,选择【矩形】,选择小圆柱表面为放置面,设置沟槽直径为26,宽度为2,如图3-10所示,选目标边和刀具边如图3-11,输入定位尺寸为0,确定。

图3-9 【槽】对话框

图3-10 【矩形槽】尺寸

8. 步骤8:导套创建完成

经过以上步骤,完成导套的创建,如图3-12所示。选择菜单【文件】→【关闭】→【关闭并保存】,并退出程序。

图3-11 槽定位

图3-12 导套模型

任务二：模 柄 设 计

3.2.1 任务描述

利用UG设计如图3-13所示的模柄。

项目3 UG NX模具零件建模 | 65

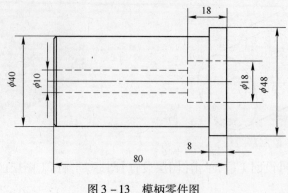

图 3-13 模柄零件图

3.2.2 任务分析

模柄与导套结构类似,同为轴套类零件,显然也可以用导套的设计方法来完成。为了让读者掌握更多的设计方法,在此采用另一种常用的创建回转体的设计步骤:①用曲线或草图绘制截面→②旋转建构实体→③建导角→④完成。本任务主要练习曲线中的【直线】功能和特征建模中的【回转】功能。

3.2.3 设计步骤

1. 步骤 1:新建文件

新建"建模"文件,名称"mo_bing",单位"mm",存放路径为"D:\UG_FILES\CH3\"。

2. 步骤 2.:绘制截面曲线

单击曲线工具直线图标 ∕,在 XC—ZC 平面上绘制模柄剖面轮廓线;由于图形中的曲线的方向都是平行于 X 轴和 Z 轴的,所以可以通过鼠标自动捕捉,长度可以输入在鼠标旁边的输入栏内,如图 3-14 所示。绘制结果如图 3-15 所示,尺寸参照图 3-13 模柄零件图。

> **提示**
>
> 此截面也可以应用 UG NX 中的【草图】功能来绘制,此处主要是让用户练习一下【曲线】中的【直线】命令。

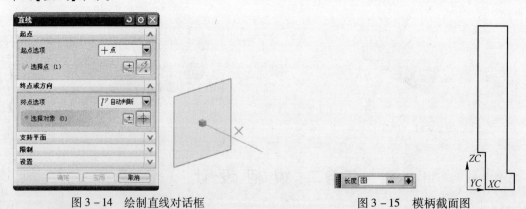

图 3-14 绘制直线对话框　　　　　图 3-15 模柄截面图

3. 步骤 3:创建回转实体

单击【特征】工具条中的【回转】图标,弹出图 3-16 所示对话框,回转截面曲线选择步骤 2 绘制的 8 根曲线,"指定矢量"选择 ZC 轴,"指定点"选择原点,"开始角度"输入 0,"结束角度"输入 360,单击【确定】,生成如图 3-17 所示模柄。

图 3-16　【回转】对话框　　　　图 3-17　模柄模型

4. 步骤 4：修改图层

单击菜单【格式】→【移至图层】,或者单击【实用工具】图标栏内的【移至图层】图标,弹出如图 3-18 所示的【类选择】对话框,在过滤器中选择"曲线",然后框选 8 根曲线,单击【确定】,弹出【图层移动】对话框(图 3-19),在"目标图层或类别"中输入要设定的图层,如 31 层,单击【确定】,并将 31 层【隐藏】。

5. 步骤 5：创建倒角

单击【倒斜角】工具，选择"对称",选择两两端倒角边,输入尺寸 2,确定。

6. 步骤 6：保存文件

单击【文件】→【关闭】→【保存并关闭】。

图 3-18　【类选择】对话框　　　　图 3-19　【图层移动】对话框

> **注　意**
>
> 在利用 UG 进行建模设计中,会经常灵活运用【图层】工具来【显示】或【隐藏】要素,从而使图面简洁明了。这一点初学用户要一开始就养成良好习惯。

任务三：顶件块设计

3.3.1 任务描述

利用 UG 设计如图 3-20、图 3-21 所示的顶件块。

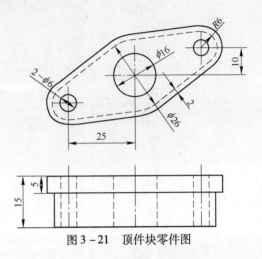

图 3-20 顶件块　　　　　　　　图 3-21 顶件块零件图

3.3.2 任务分析

顶件块在该垫片复合模具中起卸料作用,通过打料杆推顶件块把冲压形成的垫片从凹模中推下。该零件的设计过程为:①设置曲线图层→②画轮廓曲线→③拉伸轮廓线成实体→④偏置拉伸凸台→⑤绘制孔曲线→⑥拉伸建孔→⑦完成。本任务主要练习【基本曲线】功能。

3.3.3 设计步骤

1. 步骤1：新建文件

启动 UG NX8.0 软件,在软件初始界面单击左上角的【新建】按钮,在弹出的【新建】对话框中选择新建模型,在"新建文件名"下方的"名称"输入框中输入"ding_jian_kuai",在"文件夹"输入框输入"D:\UG_FILES\CH3\",单击【确定】按钮关闭对话框,开始新建文件。

2. 步骤2：改变工作图层

将【实用工具】中的【工作图层】和【图层设置】调到工具条中,并在工作图层栏内输入10并回车,将当前工作图层设置为10层。

3. 步骤3：修改跟踪条设置

单击【首选项】→【用户界面】,弹出如图 3-22 所示【用户界面首选项】对话框。将"在跟踪条中跟踪光标位置"前的"√"去掉。这样在下面的步骤中用【基本曲线】绘制直线或圆弧时,比较方便。

4. 步骤4：绘制轮廓线

单击基本曲线工具,作 φ26 圆,圆心 0,0,0;过圆心画水平、垂直直线;将水平线用【编辑】→【移动对象】工具,平移上下各 10mm,垂直线左右平移各 25mm;在平移后的交点上作 R6 圆;连接四条公切线;采用曲线修剪工具剪切后得图 3-23 结果;此步骤用【草图】功能创建可能更为简单一些,这里只是练习运用一下【基本曲线】功能。(点划线为实线通过【改变对象显示】,改变"线型"而得)。

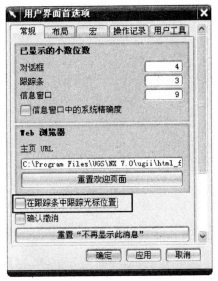

图3-22 【用户界面首选项】对话框

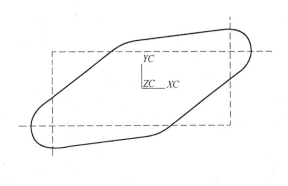

图3-23 创建轮廓

5. 步骤5:拉伸实体

将1层作为当前工作图层,单击【拉伸】工具图标,选择步骤四所绘制的轮廓实线,输入拉伸高度为"10",确定,结果如图3-24所示。

图3-24 拉伸实体

6. 步骤6:拉伸凸台

单击【拉伸】工具图标,弹出如图3-25所示【拉伸】对话框,"截面"选择拉伸实体的边缘,"方向"选择-Z方向,"限制"选项中"开始"为"0","结束"为"5","布尔"选择"求和",在"偏置"选项中输入"单侧","结束"为"2",单击【确定】,结果如图3-26所示。

7. 步骤7:绘制孔曲线

将工作图层变换为10层,用【基本曲线】工具在凸台底面上绘制三个整圆 $\phi16$ 和 $2-\phi6$,如图3-27所示。

8. 步骤8:拉伸圆柱并求差

单击【拉伸】工具,【截面】选择三个圆,"限制"栏内"开始"为"0","结束"选择"贯通","布尔"选择"求差",创建三个通孔,如图3-28所示。

9. 步骤9:创建结束

单击【图层设置】,在对话框中将10层隐藏,利用【编辑对象显示】将零件的颜色,线型,透明度等调整到合适,结果如图3-28所示。单击【文件】→【关闭】→【保存并关闭】。

图 3-25 【拉伸】对话框

图 3-26 拉伸凸台

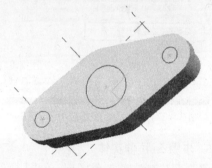

图 3-27 "孔"曲线

图 3-28 拉伸求差创建"孔"

任务四：凸凹模固定板的设计

3.4.1 任务描述

利用 UG 设计如图 3-29 所示的凸凹模固定板零件。

3.4.2 任务分析

凸凹模固定板用来将凸凹模固定在下模座上。其结构主要有中间的型孔，4 个 M10 螺纹孔，4 个 $\phi 10.5$ 卸料螺钉过孔，2 个 $\phi 8$ 销孔。采用 UG 软件的设计过程为：①建构长方体→②画轮廓曲线→③拉伸轮廓线形成型孔→④用【点工具】创建各孔的定位点→⑤用【孔】工具创建各孔→⑥创建螺纹特征→⑦完成。

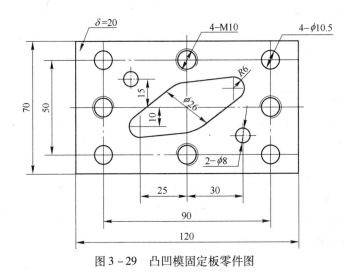

图 3-29 凸凹模固定板零件图

3.4.3 设计步骤

1. 步骤1：新建文件

启动 UG NX8.0 软件，在软件初始界面单击左上角的【新建】按钮，在弹出的【新建】对话框中选择新建模型，在"新建文件名"下方的"名称"输入框中输入"tu_ao_mo_gu_ding_ban"，在"文件夹"输入框输入"D:\UG_FILES\CH3\"，单击【确定】按钮关闭对话框，开始新建文件。

2. 步骤2：建构长方体

单击【长方体】图标，弹出长方体对话框，输入长120，宽70，高20，选择定位点为0,0,0点；结果如图3-30所示。

3. 步骤3：绘制型孔截面

将工作图层变换为10层，在长方体表面用曲线绘制如图3-31的截面，定位在长方体中心。

 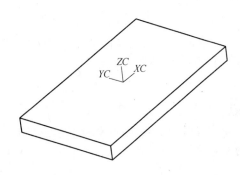

图 3-30 长方体建构

4. 步骤4：拉伸创建型孔

将工作图层变换为1层，单击【拉伸】工具，"截面"选择步骤3所绘制的曲线，"深度"为

"贯穿",【布尔】选择"求差",结果如图 3-31 所示。

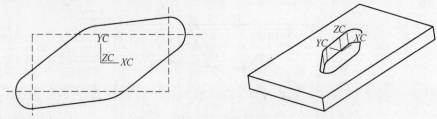

图 3-31 型孔建构

5. 步骤 5：创建孔

单击【插入】→【基准/点】或者单击【点】工具图标 ✚，利用【点工具】在 XOY 面内创建如图 3-32 所示的 4 个孔位点。此处可以充分利用【点工具】中的"偏置"选项，操作比较方便。

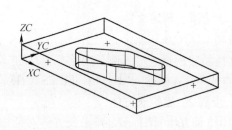

图 3-32 创建孔位点

单击【孔】工具，弹出【孔】对话框如图 3-33 所示，"类型"选择"常规孔","位置"选择上一步骤创建的 4 个孔位点，"直径"输入"10.5","深度限制"选择"贯通体","布尔"选择"求差",单击【确定】结果如图 3-34 所示。

6. 步骤 6：创建 4 个 $\phi 8.5$ 孔

方法如同步骤 5，结果如图 3-35 所示。

7. 步骤 7：创建螺纹

单击螺纹工具，弹出如图 3-36 所示的螺纹对话框。"螺纹类型"选择"详细的",选择 $\phi 8.5$ 孔圆柱表面为生成螺纹表面，输入螺纹参数（UG 一般会自动获得主直径和标准螺距），单击【确定】,在孔的表面就生成了螺纹。用同样的方法在另外 3 个孔上也建构螺纹结果如图 3-37 所示。

> **注意**
>
> UG 建模设计中提供两种【螺纹】类型，"详细的"表示在零件上做出直观的螺纹,生成时间较长。"符号的"仅产生两条虚线，用于转换工程图时生成符合制图规定的图样,同时生成时间较短。

8. 步骤 8：创建 $2-\phi 8$ 销钉孔

用同样的方法创建 $2-\phi 8$ 销钉孔（定位尺寸查零件图），结果如图 3-38 所示。

图 3-33 【孔】对话框

图 3-34 创建 4-φ10.5 孔

图 3-35 创建 4-φ8.5 孔

图 3-36 【螺纹】对话框

图 3-37 创建螺纹

图 3-38 创建销钉孔

9. **步骤 9：保存文件**

单击【文件】→【关闭】→【保存并关闭】。

任务五：凹模的设计

3.5.1 任务描述

利用 UG 设计如图 3-39 所示的凹模零件。

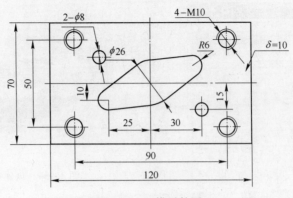

图 3-39 凹模零件图

3.5.2 任务分析

凹模零件是复合模具中的主要零件,它的尺寸、质量直接影响制件的质量。由于它的形状与尺寸与上一节设计的凸凹模固定板很相似,因此我们可以不用一步一步建模,而是在上例凸凹模固定板基础上做修改而得到凹模。

3.5.3 设计步骤

1. 步骤 1:打开文件

单击工具条【打开】,系统弹出【打开】对话框,从路径"D:\UG_FILES\CH3\"下打开文件"tu_ao_mo_gu_ding_ban. prt"。

2. 步骤 2:另存文件

单击【文件】→【另存为】,输入文件名:"ao_mo";确定,此时就复制了一个与"tu_ao_mo_gu_ding_ban. prt"完全一样的零件。

3. 步骤 3:删除螺纹孔

将光标移至绘图区左边【资源条】处,单击【部件导航器】,弹出该部件的"历史记录",如图 3-40 所示。将中间 4 个螺纹参数和 4 个孔以及 4 个参考点用左键选中(注意多选需要按住 Ctrl 键,或用 Shift 键选择首尾),然后用右键弹出快捷菜单选择"删除"或者直接按键盘上 Delete 键,将其删除。

4. 步骤 4:改变长方体厚度

在"历史记录"中用左键选中长方体特征"块",单击右键,弹出快捷菜单,在特征编辑对话框中选择"编辑参数"或者直接用左键双击"块",系统会弹出"长方体"的特征对话框,将高度 20 改为 10。

5. 步骤 5:改变孔径

用同样的方法将 4 个 $\phi10.5$ 通孔的直径尺寸改为 $\phi8.5$;

6. 步骤 6:添加螺纹

按上例,在 $\phi8.5$ 孔上创建"详细螺纹",结果如图 3-41 所示。至此凹模零件就在凸凹模固定板的基础上修改而成,从而省去了绘制中间曲线的步骤,比直接建构要方便了许多。该模具的其他类似板零件都可以通过这样的方法来建构,在此不再赘述。

7. 步骤 7:保存并关闭

注意确认一下目录下有无修改前的零件名:"tu_ao_mo_gu_ding_ban. prt"。

图 3-40 部件导航器

图 3-41 修改而成的凹模

任务六：下模座设计

3.6.1 任务描述

利用 UG 设计如图 3-42 所示的下模座零件。

3.6.2 任务分析

下模座是复合模具的支撑板，一般为铸铁材料。下模座上应设置导柱孔，安装凸凹模固定板的销孔、螺钉沉孔，漏料孔，另外还需设计安装在压力机上的压板位置。根据分析设计过程如下：①建构圆角底座→②草图绘制轮廓→③拉伸轮廓→④建螺钉沉孔→⑤引用阵列沉孔→⑥创建导柱孔→⑦创建漏料孔→⑧建圆角→⑨完成。

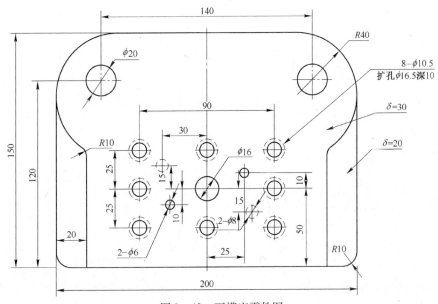

图 3-42 下模座零件图

3.6.3 设计步骤

1. 步骤1：新建文件

启动 UG NX8.0 软件，在软件初始界面单击左上角的【新建】按钮，在弹出的【新建】对话框中选择新建模型，在"新建文件名"下方的"名称"输入框中输入"xiamozuo"，在"文件夹"输入框输入"D:\UG_FILES\CH3\"，单击【确定】按钮关闭对话框，开始新建文件。

2. 步骤2：建构长方体

长方体尺寸长为"200"，宽为"150"，高为"20"。为了后面"复制"、"引用"、"镜像"等操作方便，将原点建在长方体底面中心，如图3-43所示。

3. 步骤3：创建圆角

单击【圆角】工具，选择两条边线，在"半径"栏内输入40确定，结果如图3-44所示。

4. 步骤4：变换图层

将工作图层设置为21层。

5. 步骤5：绘制草图

单击【插入】→【在任务环境中创建草图】，选择实体表面为草图平面，选择X轴为草绘水平轴，【确定】。或者单击【直接草图】工具图标，选择好草图平面和方位后再单击【在任务环境中创建草图】图标，进入草图模块。

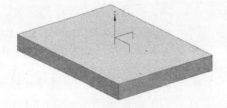

图3-43 创建长方体

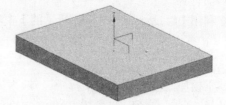

图3-44 倒圆角

绘制如下草图截面：

步骤：

（1）抽取两弧和切线，单击，选择图3-45所示三条边；

（2）单击工具，画两条垂线，长度任意，与模架边缘距离为20，如图3-46所示；

（3）单击【快速延伸】工具，选择两条圆弧，自动延伸至下一目标，如图3-47所示；

（4）单击【快速裁剪】工具，选择多余直线段，如图3-48所示，确定；

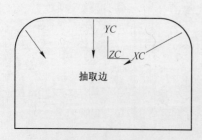

图3-45 步骤一(抽取边)

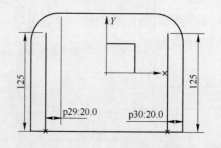

图3-46 步骤二(画两条垂直线)

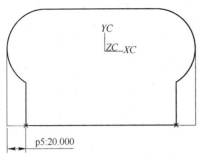
图 3-47 步骤三(延伸)

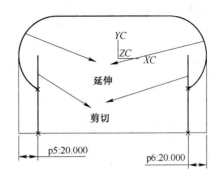
图 3-48 步骤四(裁剪)

(5)将截面用直线封闭;

(6)单击图标 完成草绘,回到建模状态。

6. 步骤 6:拉伸台阶

将工作图层设置到 1 层,选择拉伸工具 ,选择步骤 4 所绘制的草图为拉伸对象,输入距离 10,【布尔】选择"求和",结果如图 3-49 所示。

7. 步骤 7:创建草图

设置 22 层为工作层,单击【插入】→【直接草图】或者单击【直接草图】图标 ,选择实体上表面为草图放置面,选择 X 轴为水平方向,绘制图 3-50 草图。

步骤:(1)抽取圆弧和上边;

(2)用推断线工具 ,选择上边线,往下偏移 18;

(3)延伸圆弧;

(4)快速剪切;

(5)单击图标 完成草图,回到建模状态。

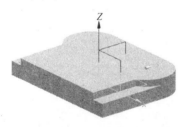
图 3-49 拉伸凸台

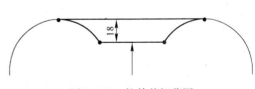
图 3-50 拉伸剪切草图

注 意

UG 每创建一个草图都会有一个草图名称,此时在【部件导航器】中可以看到"SKETCH_000"和"SKETCH_001"两个草图。当需要修改草图时,可以在部件导航器中双击该草图名称,而不是再单击【直接草图】工具,否则会又创建一个新的草图。

8. 步骤 8:拉伸切除

改变工作图层到 1 层,选择拉伸工具 ,选择步骤 6 所绘制的草图为拉伸对象,拉伸方向为 -Z 方向,输入距离 10;并改变【布尔】方式为"求差",结果如图 3-51 所示。

9. 步骤 9:倒圆角

单击圆角工具 ,选择图 3-52 所示六条边输入 R10。

项目 3 UG NX 模具零件建模 | 77

图3-51 用草图剪切实体

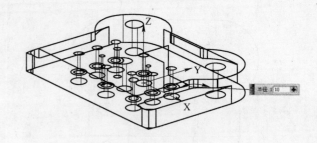
图3-52 倒圆角

10. 步骤10：创建各孔位基准点

在"当前图层"栏内输入23，回车，单击【直接草图】工具，选择实体下表面作为草图面，"方向"选择"反向"（目的是绘图时和零件图方位一样），X轴方向为水平参考。单击草图中的点工具图标，对照图3-42创建导柱孔，螺钉孔，漏料孔，销钉孔中心点，如图3-53所示。绘制完成后退出草图。

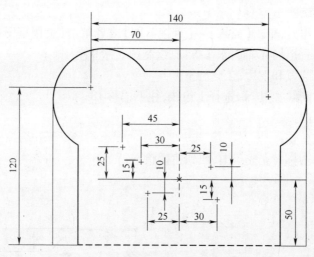

图3-53 草图绘制孔位点(8个点)

11. 步骤11：创建孔

在"当前图层"栏内输入1，回车，单击【孔】工具，弹出【孔】工具对话框，分别创建$2-\phi20,\phi16,2-\phi8,2-\phi6$共7个通孔和一个螺钉沉头孔，孔直径$\phi10.5$，沉头直径$\phi16.5$，沉头深10，如图3-54所示。

12. 步骤12：阵列沉头孔

单击【特征】工具条中【对特征形成图样】工具图标，弹出如图3-55【对特征形成图样】对话框，选择"沉孔"为阵列特征；"阵列定义"中"布局"选择"线性"，方向1"指定矢量"为"X轴正向"，"数量"为"3"个，"节距"为"45"；方向2"指定矢量"为"Y轴负向"，"数量"为"3"个，"节距"为"25"；单击【确定】结果如图3-56所示。

13. 步骤13：删除阵列中的错误孔

如图3-57所示，打开【部件导航器】，看到"图样【线性】"记录下有一个孔，标记为"错误"，这是因为实体中间已经有孔，所以该孔未能创建，这里只需要将该特征删除即可。

图 3-54 创建孔（底面）

图 3-55 【阵列】对话框

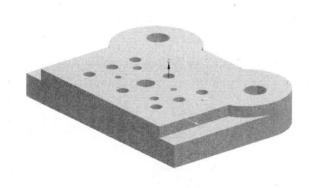

图 3-56 阵列沉孔

图 3-57 零件部件导航器

14. 步骤 14：保存并关闭

项目 3　UG NX 模具零件建模 | 79

任务七：弹 簧 设 计

3.7.1 任务描述

利用 UG 设计如图 3-58 所示的弹簧零件。

3.7.2 任务分析

弹簧零件在该复合模具中起卸料作用。弹簧为一螺旋形零件，在 UG 软件中可以采用建构螺旋线作为引导线进行扫掠生成实体零件。本任务主要练习【扫掠】操作。

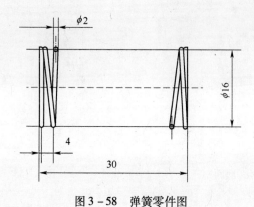

图 3-58 弹簧零件图

3.7.3 设计步骤

1. 步骤 1：新建文件

启动 UG NX8.0 软件，在软件初始界面单击左上角的【新建】按钮，在弹出的【新建】对话框中选择新建模型，在"新建文件名"下方的"名称"输入框中输入"tanhuang"，"单位"为"毫米"，在"文件夹"输入框输入"D:\UG_FILES\CH3\"，单击【确定】按钮关闭对话框，开始新建文件。

2. 步骤 2：绘制螺旋线

单击【插入】/【曲线】/【螺旋线】；或单击图标，弹出图 3-59 螺旋线对话框，输入螺旋线参数，"圈数"为"15"，"螺距"为"4"，"半径"为"8"，确定后，生成图 3-60 所示的螺旋线。

图 3-59 【螺旋线】对话框

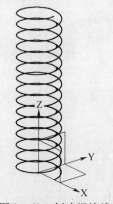

图 3-60 创建螺旋线

3. 步骤3：绘制草图截面

单击【插入】→【草图】或者单击【直接草图】图标，弹出【创建草图】对话框，选择 XOZ 平面为草图放置面，绘制直径为"2"的圆，如图3-61所示。

4. 步骤4：扫掠实体

选择【插入】→【扫掠】→【沿引导线扫掠】或将【沿引导线扫掠】图标调出并单击,弹出图3-62所示对话框,截面曲线选择 φ2 的圆,引导线选择螺旋线,确定。生成如图3-63所示弹簧实体。

5. 步骤5：隐藏草图与螺旋线

单击【格式】→【移动至图层】或单击【实用工具】栏中的图标，弹出类选择器,选择螺旋线和草图,单击确定,弹出【移动至图层】对话框,如图3-64所示,在"目标图层"中输入21层,确定。

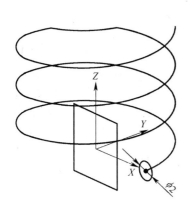

图3-61 扫描截面

图3-62 【沿引导线扫掠】对话框

图3-63 沿引导线扫描

图3-64 【图层移动】对话框

6. 步骤6：建立基准平面

单击【插入】→【基准/点】→【基准平面】或单击【特征】工具条中的【基准平面】图标，弹出如图3-65所示【基准平面】对话框,"类型"选择"自动判断","要定义平面的对象"选择

XOY 平面,在"偏置"项的"距离"中输入"30",确定,创建基准面如图 3-66 所示。

图 3-65 【基准平面】对话框

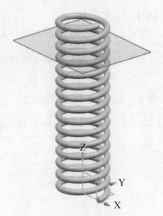

图 3-66 创建的基准平面

7. 步骤 7：裁剪

选择【插入】→【裁剪】→【修剪体】,或单击【特征】工具条中的【修剪体】图标 ,弹出如图 3-67 所示的【修剪体】对话框,选择弹簧为"目标体","工具"选择步骤 6 所建的基准面,查看裁剪方向,确定。用同样的方法将 XOY 平面以下的小部分裁剪掉,将基准平面放入 31 层并隐藏,得到如图 3-68 所示的结果。

图 3-67 【修剪体】对话框

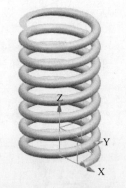

图 3-68 创建的弹簧

8. 步骤 8：保存并关闭

知识拓展：利用 UG8.0 GC 工具箱建构弹簧

1. 步骤 1：新建文件

启动 UG NX8.0 软件,在软件初始界面单击左上角的【新建】按钮,在弹出的【新建】对话框中选择新建模型,在"新建文件名"下方的"名称"输入框中输入"tanhuang02","单位"为"毫米",在"文件夹"输入框输入"D:\UG_FILES\CH3\",单击【确定】按钮关闭对话框,开始新建文件。

2. 步骤 2：进入弹簧模块

如图 3-69 所示，单击【GC 工具箱】→【弹簧设计】→【圆柱压缩弹簧】，弹出如图 3-70 所示的圆柱压缩弹簧对话框。

图 3-69　弹簧工具

图 3-70　【圆柱压缩弹簧】对话框

3. 步骤 3：输入参数

在【圆柱压缩弹簧】对话框中，"类型"选择"输入参数"，"创建方式"选择"在工作部件中"单击【下一步】，弹出输入参数对话框，如图 3-71 所示输入"旋向"为"右"，"中间直径"为"16"，"钢丝直径"为"2"，"自由高度"为"30"，"有效圈数"为"7"，"支承圈数"为"2"，单击【完成】生成如图 3-72 所示弹簧。

图 3-71　【圆柱压缩弹簧】参数

图 3-72　弹簧

4. 步骤 4：保存并关闭

拓 展 练 习

拓展练习 1：完成表 3-1 中垫片复合模具零件的建模，以便模块 4 装配时使用。

表 3-1 垫片复合模具零件图

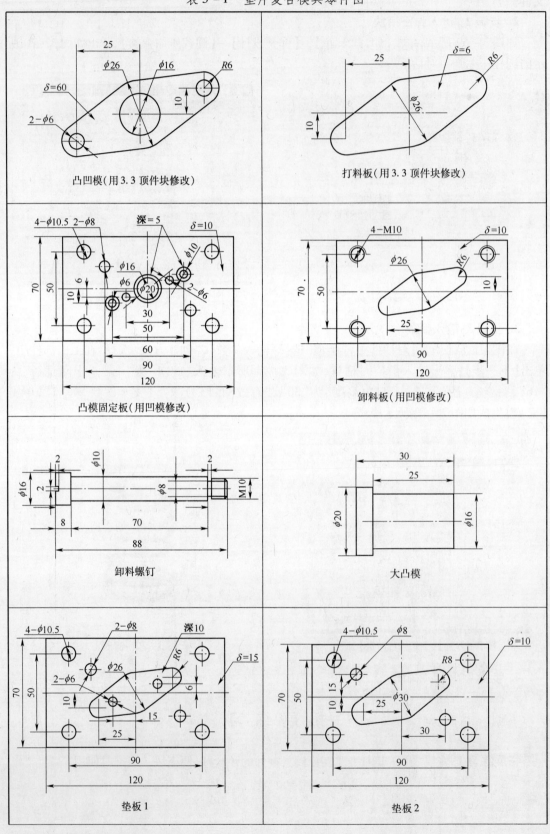

(续)

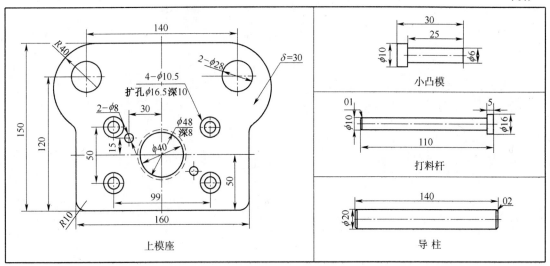

拓展练习2：利用UG NX建模模块建构下列零件三维实体。

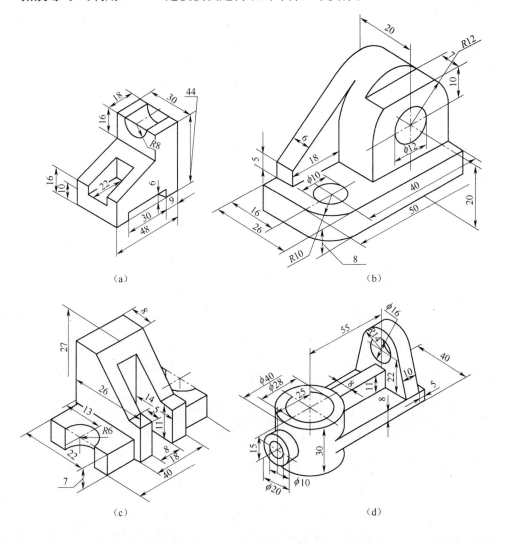

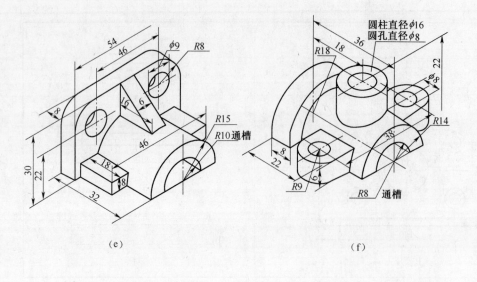

(e) (f)

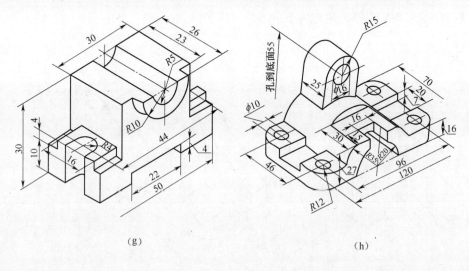

(g) (h)

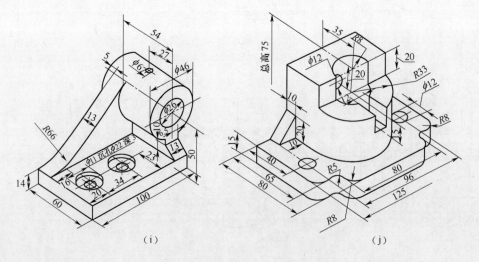

(i) (j)

项目4　UG NX 模具装配

本项目以一垫片复合模具的设计为例,介绍 UG NX 的装配模块,主要包括如下内容:
任务一:下模组件装配
任务二:上模组件装配
任务三:总装配与爆炸视图
拓展练习

任务一:下模组件装配

4.1.1　任务描述

按图4-1所示装配复合模具下模组件。

图4-1　下模组件

4.1.2　任务分析

垫片复合模具下模组件由下模座、凸凹模固定板、导柱、凸凹模、弹簧、螺钉、卸料板、卸料螺钉、圆柱销等零件组成。在前面的任务中已经完成了下模座、凸凹模固定板、弹簧的设计,其余零件的设计方法与这些零件的设计方法类似,读者可根据模块三拓展练习一所给的零件图自行设计,或者从资源库 CH3CH4\down 中下载后,进入本次任务环节。如遇软件版本问题打不开,可以打开文件夹中"下模.x_t"然后将每个零件导出一个对应文件。

4.1.3　设计步骤

1. 步骤1:文件准备

将安装下模组件所需的零件:"xiamuzuo"、"daozhu"、"tuaomugudingban"、"tanhuang"、"xieliaoluoding"、"tuaomu"、"xieliaoban",放入 D:\UG_FILES_\CH4\down\。

2. 步骤2:新建装配文件

启动 UG NX8.0 软件,在软件初始界面单击左上角的【新建】按钮,在弹出的【新建】对话框中选择新建模型,选择"毫米"单位,"名称类型"选择"模型",在"新建文件名"下方的"名称"输入框中输入"down",在"文件夹"输入框中输入"D:\UG_FILES\CH4\down",开始新建文件。

3. 步骤3：调整用户界面

单击【开始】工具图标 ，弹出如图4-2所示的菜单,选择装配,在视图下方会弹出如图4-3所示的【装配】工具条。

4. 步骤4：添加下模座

在如图4-3所示的【装配】工具条中单击【添加组件】图标 ，系统弹出如图4-4所示对话框,单击"打开",在弹出的"部件名"对话框中选择步骤1所建目录下的"xiamuzuo","定位"选择"绝对原点","引用集"选择"模型",单击【应用】,系统将"xiamuzuo"调进装配文件中如图4-5所示。

图4-2 调出【装配】工具条

图4-3 【装配】工具条

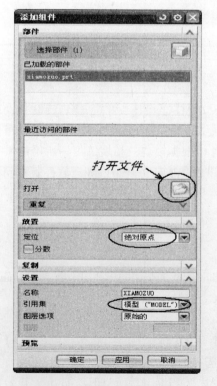

图4-4 【添加组件】对话框

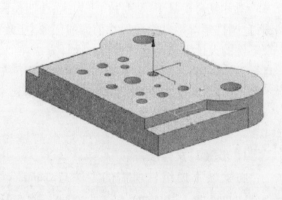

图4-5 调入下模座

5. 步骤5：添加导柱

继续在【添加组件】对话框中，单击"打开"在弹出的"部件名"对话框中选择步骤1所建目录下的"daozhu"，"定位"选择"通过约束"，单击确定，弹出如图4-6所示【装配约束】对话框。

"类型"选择"接触对齐"，"方位"选择"自动判断中心"，然后分别选择导柱外圆和下模座上导柱孔圆柱面，单击【应用】，在预览选项中将"在主窗口中预览组件"选中，可以看到导柱与导柱孔已经对齐，如图4-7所示。

 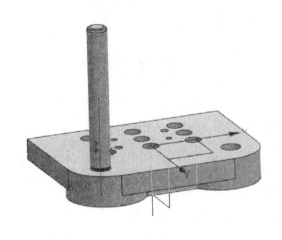

图4-6 导柱约束一　　　　　　　　图4-7 导柱约束一预览

注　意

1. 装配时第一个零件的"定位方式"，往往采用"绝对原点"方式，也就是将零件的坐标原点和装配文件的坐标原点重合。而从第二个零件开始一般采用"装配约束"的方式。

2. 添加组件中的"引用集"是指装配文件中引进零件要素的范围。一般为了简化装配文件，都选择"模型"，如果需要用零件中的"草图"、"基准"等其他要素，也可选择"全部"。

继续在【装配约束】对话框中将"类型"选择"接触对齐"，"方位"选择"对齐"，如图4-8所示，然后分别选择导柱端面和下模座底面，在主窗口中可以看到这两个平面立即对齐完成约束。用同样的方法安装第二根导柱，结果如图4-9所示。

图4-8 导柱约束二　　　　　　　　图4-9 装配导柱

6. 步骤6：添加凸凹模

继续在【添加组件】对话框中单击"打开"，在弹出的"部件名"对话框中选择步骤1所建目录下的"tuaomu"，"定位"选择"通过约束"，单击确定，弹出如图4-6所示【装配约束】对话框。

"类型"选择"接触对齐"，"方位"选择"接触"，然后分别选择凸凹模端面和下模座上表面，在预览选项中将"在主窗口中预览组件"选中观察预览情况；继续在"类型"中选择"接触对齐"，"方位"选择"自动判断中心"，然后分别选择凸凹模中间孔$\phi16$的圆柱表面和下模座中间孔$\phi16$的圆柱面，使它们轴线对齐；继续在"类型"中选择"接触对齐"，"方位"选择"自动判断中心"，然后分别选择凸凹模$\phi6$孔的圆柱面和下模座$\phi6$孔的圆柱面，使它们轴线对齐；结果如图4-10所示。

7. 步骤7：添加凸凹模固定板

继续在【添加组件】对话框中，单击"打开"，在弹出的"部件名"对话框中选择步骤1所建目录下的"tuaomugudingban"，"定位"选择"通过约束"，单击确定，弹出如图4-6所示【装配约束】对话框。

"类型"选择"接触对齐"，"方位"选择"接触"，然后分别选择凸凹模固定板底面和下模座上表面，在预览选项中将"在主窗口中预览组件"选中，可以看到凸凹模固定板与下模座接触；继续在"类型"中选择"接触对齐"，"方位"选择"自动判断中心"，然后分别选择凸凹模固定板上$\phi10.5$的螺钉过孔圆柱表面和下模座上相同位置的$\phi10.5$的圆柱面，使它们轴线对齐；继续在"类型"中选择"接触对齐"，"方位"选择"自动判断中心"，然后分别选择凸凹模固定板上的另一$\phi10.5$的螺钉过孔圆柱表面和下模座上相同位置的$\phi10.5$的圆柱面，使它们轴线对齐；装配结果如图4-11所示。

图4-10 装配凸凹模

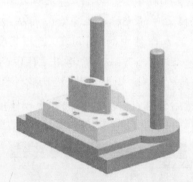

图4-11 装配凸凹模固定板

8. 步骤8：添加圆柱销

单击资源条中的【重用库】图标，弹出如图4-12所示【重用库】文件夹，选择GB Standard Parts\Pin\Parallel 中的 Pin GB-T119.1-2000 圆柱销，用鼠标左键将其拖至绘图区，或者用左键选中后，单击鼠标右键，弹出"快捷菜单"，选择【添加到装配】，系统弹出如图4-13所示的【添加可重用组件】对话框，在主参数中选择"直径"为"8"，"长度"为"50"，放置中的"定位"选择"选择原点"，单击【确定】，系统弹出【点】工具，选择凸凹模固定板上表面的$\phi8$销孔圆心，圆柱销安装完成。

用同样方法装配第二个定位销。

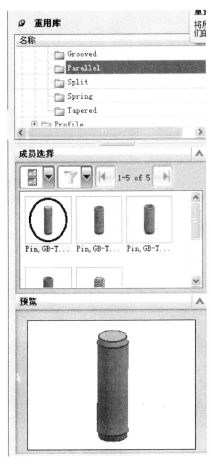

图4-12 【重用库】对话框　　　　图4-13 【添加可重用组件】对话框

注意

1. UG NX8.0以下版本的【重用库】中标准件可能不全,需要添加。
2. 文件中装配了标准件后,下次打开此文件时,需要将【文件】→【选项】→【装配加载选项】中的"加载"由"从文件夹"改为"按照保存的",否则,标准件将不会被加载。

9. **步骤9：添加螺钉**

单击资源条中的【重用库】图标,弹出如图4-14所示【重用库】文件夹,选择GB Standard Parts \ Screw \Socket Head 中的 Screw GB-T70.1-2000 内六角圆柱螺钉,用鼠标左键将其拖至绘图区,或者用鼠标左键选中后,单击鼠标右键,弹出"快捷菜单",选择【添加到装配】,系统弹出如图4-15所示的【添加可重用组件】对话框,在主参数中选择"大小"为"M10","长度"为"30","放置"中的"定位"选择"选择原点",单击"反向"箭头使螺钉朝上,单击【确定】,系统弹出【点】工具,用鼠标左键选择下模座ϕ10.5孔的底面圆心(此处注意观察一下与螺钉上的对应点),螺钉安装完成。

用同样方法装配其余3个螺钉。

10. **步骤10：添加卸料板**

继续在【添加组件】对话框中,单击"打开"在弹出的"部件名"对话框中选择步骤1所建目录下的"xieliaoban","定位"选择"通过约束",单击确定,弹出如图4-6所示【装配约束】对话框。

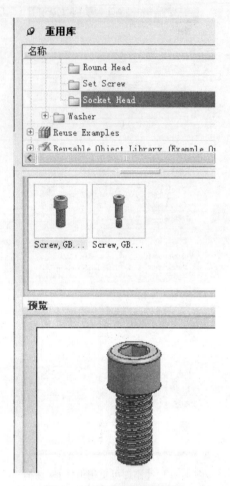

图4-14 【重用库】对话框

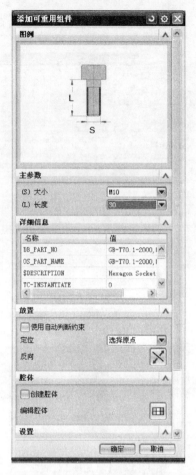

图4-15 【添加可重用组件】对话框

"类型"选择"接触对齐","方位"选择"对齐",然后分别选择卸料板上表面和凸凹模上表面;继续在"类型"中选择"接触对齐","方位"选择"对齐",然后分别选择卸料板前侧面和凸凹模固定板前侧面,使它们对齐;继续在"类型"中选择"接触对齐","方位"选择"对齐",然后分别选择卸料板右侧面和凸凹模固定板右侧面,使它们对齐;装配结果如图4-16所示。

11. 步骤11:添加卸料螺钉

继续在【添加组件】对话框中,单击"打开",在弹出的"部件名"对话框中选择步骤1所建目录下的"xieliaoluoding","定位"选择"通过约束",单击确定,弹出如图4-6所示【装配约束】对话框。

"类型"选择"接触对齐","方位"选择"自动判断中心",然后分别选择卸料螺钉圆柱表面和凸凹模固定板上φ10.5的螺钉过孔圆柱表面;继续在"类型"中选择"接触对齐","方位"选择"接触",然后分别选择卸料螺钉退刀槽台阶端面和卸料板下表面使它们接触;结果如图4-17所示。

关闭【添加组件】对话框。

12. 步骤12:复制卸料螺钉

单击【装配】工具条中的【移动组件】图标,系统弹出如图4-18所示【移动组件】对话

图 4-16 装配卸料板

图 4-17 装配卸料螺钉

框。"要移动的组件"选择卸料螺钉,"运动"选择"点到点","模式"选择"复制","指定出发点"选择卸料板上已经安装了卸料螺钉的螺纹孔中心,"指定终止点"选择卸料板上同侧的螺纹孔中心,单击【应用】。然后选择两个卸料螺钉,再进行一次"点到点"移动复制,结果如图4-19所示。

图 4-18 【移动组件】对话框

图 4-19 复制卸料螺钉

13. 步骤13:添加弹簧

在如图4-3所示的【装配】工具条中再次单击【添加组件】图标 ,系统弹出如图4-6所示【添加组件】对话框,单击"打开",在弹出的"部件名"对话框中选择步骤1所建目录下的"tanhuang","定位"选择"装配约束","引用集"选择"全部",单击【应用】,系统弹出【装配约束】对话框。

"类型"选择"接触对齐","方位"选择"对齐",然后分别选择弹簧零件上的 Z 轴(此要素是"引用集"选择"全部"后一起链接到装配文件中的)和卸料螺钉的圆柱中心线;继续在"类型"中选择"接触对齐","方位"选择"接触",然后分别选择弹簧端面和下模座上表面,并将弹簧零件上的基准坐标隐藏,结果如图4-20所示。

> **注意**
>
> 添加组件时,为了使装配文件的数据量尽量小,通常"引用集"都选用"模型"。但是当装配时需要用到零件中的其他要素时,也可以选择"全部"。此处为了装配弹簧时能选到弹簧中心的 Z 轴,所以"引用集"选择了"全部"。装配完成后仍然可以在"装配导航器"中,用鼠标左键选择零件名称,再单击鼠标右键,弹出快捷菜单,对"引用集"进行修改。

14. 步骤 14:复制弹簧

用类似步骤 10 的方法,复制弹簧,结果如图 4-21 所示。

图 4-20 装配弹簧

图 4-21 复制弹簧

15. 步骤 15:观察资源条

单击资源条中的装配导航器,弹出如图 4-22 所示界面。了解组件中的零件数,零件名称,以及装配顺序。单击约束导航器,弹出如图 4-23 所示界面。了解各零件之间的约束情况。

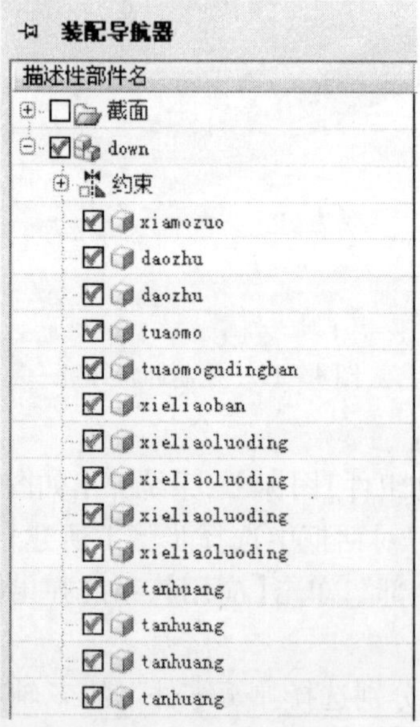

图 4-22 装配导航器

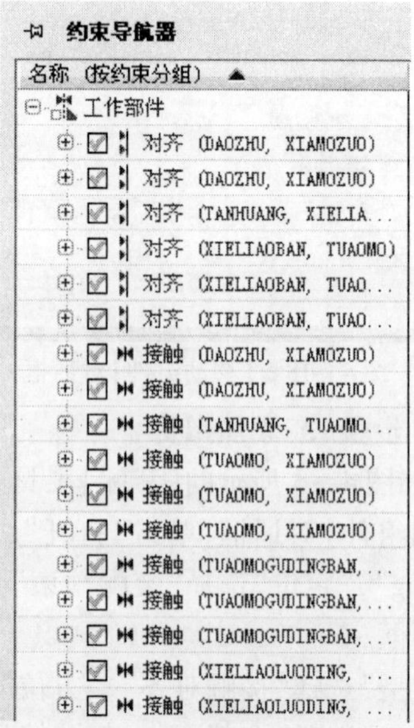

图 4-23 约束导航器

16. 步骤 16:保存并关闭文件

任务二:上模组件装配

4.2.1 任务描述

按图 4-24 所示装配复合模上模组件。

图 4-24 上模组件

4.2.2 任务分析

上模组件由模柄、上模座、导套、垫板 1、垫板 2、凹模、凸模固定板、凸模、顶件块、打板、打杆组成。其装配过程与下模组件的装配过程类似,读者可以根据模块三拓展练习一提供的零件图进行造型或从资源库中下载后,进入该任务环节。

4.2.3 设计步骤

1. 步骤 1:文件准备

将安装上模所需的零件:"shangmuzuo"、"daotao"、"dianban1"、"dianban2"、"aomu"、"tumugudingban"、"tumu"、"dingjiankuai"、"daban"、"dagan"等放入 D:\UG_FILES_\CH4\top\。

2. 步骤 2:新建文件

新建建模文件 top.prt。

3. 步骤 3:装配组件

利用 4.2 节介绍的类似方法装配下模组件(请参阅《冲压工艺与模具设计》了解复合模具结构)。

4. 步骤 4:保存文件

将 top.prt 组件存盘,并退出。

任务三:总装配与爆炸视图

4.3.1 任务描述

根据图 4-25 所示,装配垫片复合模,并设计爆炸装配图如图 4-26 所示。

图 4-25 复合模具总装配图

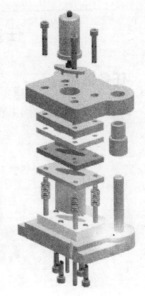
图 4-26 复合模具爆炸视图

4.3.2 任务分析

UG 装配模块既可以装配部件，也可以装配组件。该任务主要是将 4.2 节和 4.3 节完成的内容组装起来。其过程与部件组装类似。爆炸视图是 UG 软件提供的一个可以很方便地反映出装配件的装配顺序、内部结构的重要功能，在复杂的装配体中经常采用。

4.3.3 设计步骤

1. 步骤 1.：新建文件

新建文件，名称："zongzhuangpei. prt"。

2. 步骤 2：装配下模座

装配已存组件：down. prt，采用"绝对"方式定位。

3. 步骤 3：装配下模座

装配已存组件：top. prt，采用"约束"方式定位，约束条件为：①凹模平面与卸料板平面接触；②导柱中心与导套中心对齐；③上模侧面与下模侧面对齐；完成如图 4-25 所示的总装配。

4. 步骤 4：新建爆炸视图

如图 4-27 所示，单击【装配】→【爆炸图】→【新建爆炸图】，或者在【装配】工具栏中单击【爆炸图】图标，弹出【爆炸图】工具栏，然后单击【新建爆炸视图】图标，系统弹出【新建爆炸图】对话框，在名称中输入图名，或者使用默认的 Explosion1，如图 4-28 所示，【确定】。

5. 步骤 5：编辑爆炸图，选择对象

单击【装配】→【爆炸视图】→【编辑爆炸图】或者在【爆炸图】工具栏内单击【编辑爆炸图】图标，系统弹出【编辑爆炸图】对话框如图 4-29 所示，确认处于"选择对象"模式下，然后用鼠标左键在视窗中选择要移动的零件或组件，可多选；Shift + MB1 为取消选择；此处在资源条中将上模全部选中。

6. 步骤6:移动上模

选择好移动的对象后,将编辑爆炸视图对话框中的选项改为"移动对象",系统弹出动态坐标系,此时可以选择原点任意拖曳,也可以拖动 XYZ 前方的箭头,或者双击 XYZ 各轴前方的箭头,输入距离。此处让上模沿 Z 轴正方向移动200,如图4-30所示。

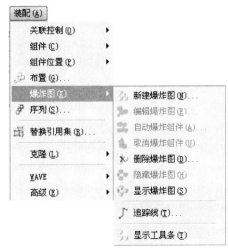

图4-27 爆炸视图菜单

图4-28 新建爆炸图

图4-29 编辑爆炸视图

图4-30 移动上模组件

7. 步骤7:移动各零件

继续选择移动对象,对照图4-26,逐一将上模零件和下模零件移动到满意的位置(能看清楚装配关系)。

8. 步骤8:隐藏爆炸图

单击【爆炸图】图标中的【工作视图爆炸】右边的箭头,如图4-31所示,弹出文件中现存的"爆炸视图"和"无爆炸"视图,选择"无爆炸",视图回到原来状态。此时还可以进行【删除爆炸图】、【自动爆炸组件】等操作,这里不再赘述。

图4-31 爆炸图工具栏

项目4 UG NX 模具装配

> **注 意**
> 1. 要删除已创建爆炸视图必须处于"无爆炸"状态。
> 2. 只有处于爆炸状态,才可以进行"编辑爆炸视图"的操作。

拓 展 练 习

1. 根据下图完成旋阀的零件造型和装配,并形成爆炸图(螺钉为标准件,从标准库中调用 M8×20)。

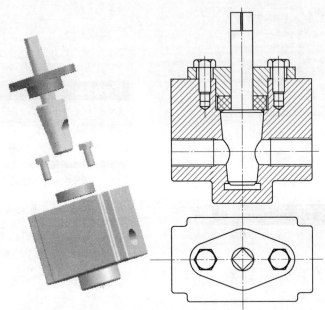

图 1 旋阀装配图

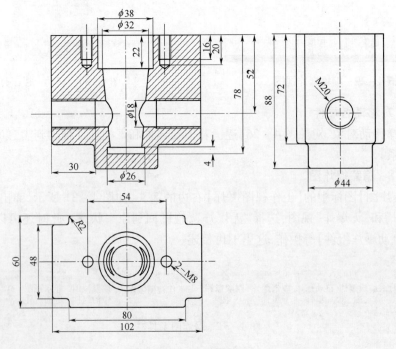

图 2 旋阀阀体

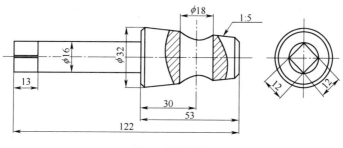

图 3 旋阀阀杆

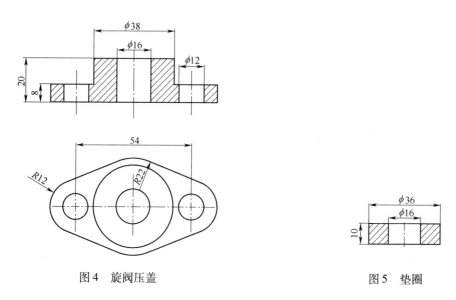

图 4 旋阀压盖 图 5 垫圈

2. 根据下图完成虎钳的零件造型和装配,并形成爆炸图。

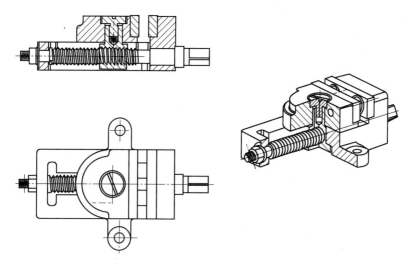

图 6 虎钳装配图

项目 4 UG NX 模具装配 | 99

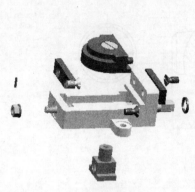

图 7　虎钳爆炸图

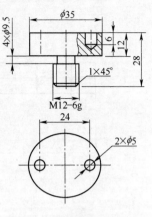

图 8　圆螺母

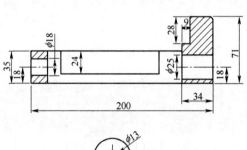

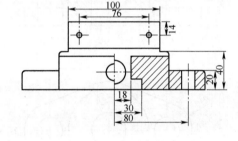

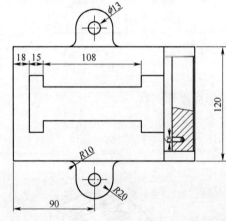

图 9　虎钳钳座

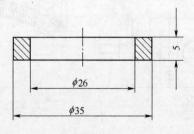

图 10　垫圈

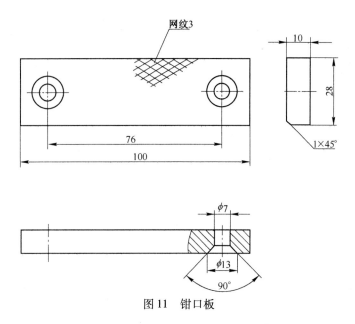

图 11　钳口板

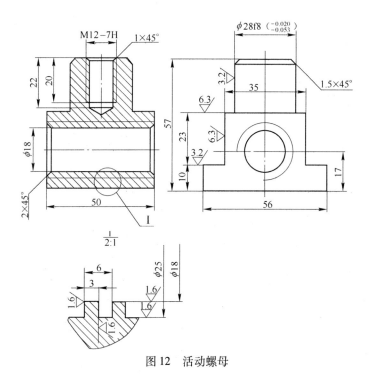

图 12　活动螺母

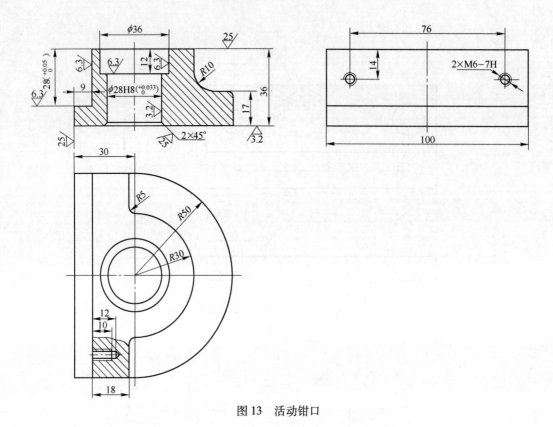

图 13　活动钳口

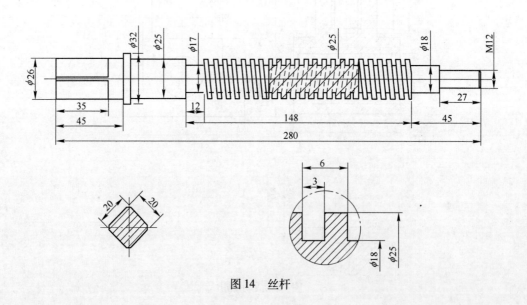

图 14　丝杆

项目 5　UG NX 模具零件工程图

本项目以一垫片复合模具的设计为例,介绍 UG NX 的零件和装配工程图纸的创建,主要包括如下内容:

任务一:创建模柄工程图
任务二:创建下模座工程图
任务三:创建模具装配工程图
拓展练习

任务一:创建模柄零件工程图

5.1.1　任务描述

将 3.2 范例中设计的模柄,采用 UG 软件创建如图 5-1 所示的零件图。

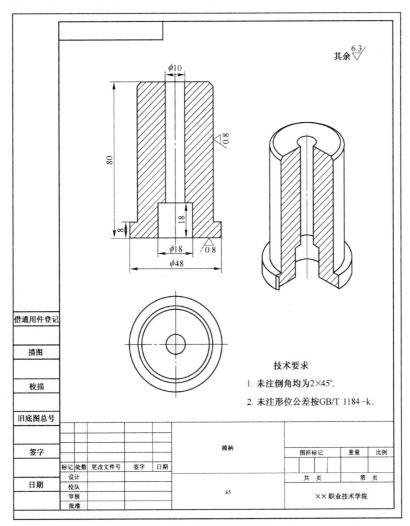

图 5-1　模柄零件图

5.1.2 任务分析

工程图在模具设计与制造中起着极为关键的作用,它能准确地表达零件的尺寸、结构和装配关系,也是指导加工必备的依据之一。"UG/制图"模块提供了绘制和管理工程图的完整的过程和工具,可以自动生成与实体模型完全相关联的工程图纸。当实体模型发生变化时,工程图同步更新几何形状和尺寸。本零件主要用三个视图表达:俯视图、全剖主视图、半剖等轴测视图。

5.1.3 设计步骤

1. 步骤 1:打开建模零件

启动 UG NX8.0,打开 D:\UG_FILES\CH3 目录下的文件"mobing.prt"。

2. 步骤 2:进入"制图"模块

单击 菜单选择【制图】,进入"UG 制图"模块,同时标题变为"NX8 - 制图 - mobing.prt(修改的)"。

3. 步骤 3:插入"图纸页"

单击【插入】→【图纸页】或者单击【图纸】工具栏中的【新建图纸页】图标 ,弹出图 5 - 2 所示"图纸页"对话框。"大小"采用"使用模板",选择"A4 - 无视图",勾选"自动启动视图创建",选择"基本视图命令",单击【确定】。

系统在绘图区插入了带有标题栏的 A4 图纸页,并弹出如图 5 - 3 所示的【基本视图】对话框,"要使用的模型视图"选择"俯视图",随后通过鼠标左键在绘图区确定视图放置位置,结果如图 5 - 4 所示。此时如果没有图框显示,则是放置图框的图层未打开,单击【图层设置】图标 ,将 170 层和 173 层打开即可。

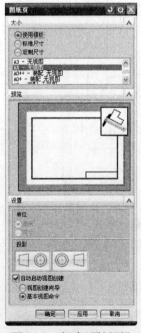

图 5 - 2 新建"图纸页"

图 5 - 3 【基本视图】对话框

4. 步骤4:添加剖视图

单击【视图】工具栏中的【剖视图】图标，弹出图5-6所示【剖视图】对话框,可以单击【设置】来设定剖切符号样式,单击【预览】来移动视图。此处不做修改,直接选择俯视图作为"父视图",弹出图5-7所示剖视图对话框,选择俯视图的圆心作为剖切位置,生成如图5-5所示的全剖视图。

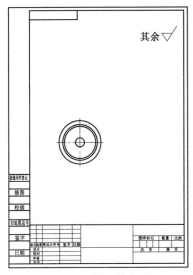

图5-4 插入俯视图

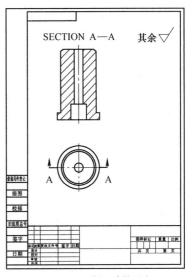

图5-5 插入剖视图

图5-6 剖视图(一)

图5-7 剖视图(二)

5. 步骤5:添加轴测图

在【图纸】工具栏内单击【基本视图】图标，弹出图5-3所示"基本视图"对话框,"要使用的模型视图"选择"正等测视图",用鼠标在绘图区选择放置点,并【关闭】基本视图对话框,结果如图5-8所示。

6. 步骤6:改轴测图为局部剖视图

选择"轴测视图"单击右键,弹出图5-9视图快捷菜单,选择"扩展成员视图",形成如图5-10所示的扩展视图。

单击【格式】→【WCS】→【定向】,弹出如图5-11所示的CSYS坐标创建对话框。选择"原点,X点,Y点"三点建立坐标系,然后分别通过"选择条"中捕捉点工具选择原点(捕捉圆心),X点(捕捉象限点),Y点(捕捉象限点)构建如图5-12所示的工作坐标系。

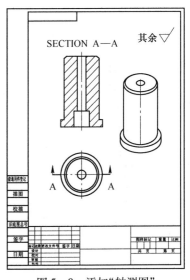

图5-8 添加"轴测图"

项目5 UG NX 模具零件工程图 | 105

图 5-9　右键快捷菜单

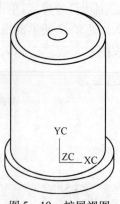

图 5-10　扩展视图

图 5-11　CSYS 对话框

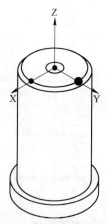

图 5-12　创建坐标系

在工具栏区域单击鼠标右键,调出【曲线】工具栏,单击【矩形】,绘制如图 5-13 所示的矩形框。并在扩展视图区单击鼠标右键,在弹出的快捷菜单上选择"扩展",退出扩展视图。

单击【局部剖视图】图标,弹出局部剖视对话框如图 5-14 所示,选择轴测图,选择"基

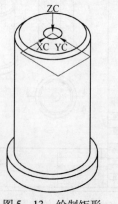

图 5-13　绘制矩形

图 5-14　局部剖

点"为顶面圆心,方向矢量选择轴测图圆柱表面,矢量箭头向下,单击【选择曲线】,选择刚画的矩形曲线,单击【应用】,然后取消。生成局部剖视图如图 5 – 15 所示。

7. 步骤 7:标注尺寸

单击【尺寸】工具栏中的【自动判断尺寸】图标 ，弹出如图 5 – 16 所示【自动判断尺寸】栏。第一栏"值"包含两项设置,一个是公差样式,此处选择"1.00"无公差,第二个是小数位数,此处选择"0",单击第二栏"文本",会弹出图 5 – 17 所示的"文本编辑器"对话框,可以用来添加附加文本。单击图 5 – 16 中的"设置"会弹出图 5 – 18 所示的"尺寸标注样式"对话框,从而对当前所标注的尺寸的样式进行设置。

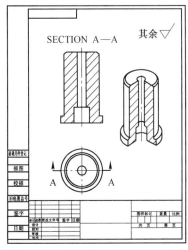

图 5 – 15 "轴测图"改"局部剖视"

图 5 – 16 自动判断尺寸

图 5 – 17 文本编辑器

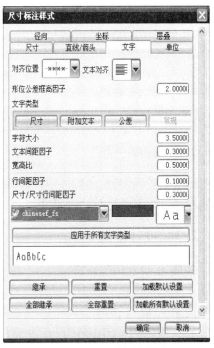

图 5 – 18 尺寸标注样式

样式设置好以后,按照图5-19在主视图上标注尺寸。

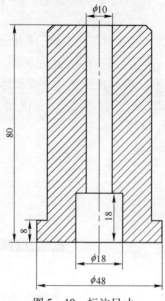

图5-19 标注尺寸

8. 步骤8:填写技术要求与标题栏

单击【插入】→【注释】→【注释】或者单击【注释】工具图标A,系统弹出【注释】对话框,在"文本栏内"输入如图5-1所示的技术要求及内容;也可以采用UG NX8.0的GC工具箱中的"技术要求库"来添加。双击标题栏的各单元格,可以对标题栏进行填写,结果如图5-1所示。

9. 步骤9:保存,并关闭

任务二:创建下模座零件图

5.2.1 任务描述

将项目3任务六中设计的下模座三维零件转成如图5-20所示的二维工程图。

5.2.2 任务分析

下模座为板类零件,表达该零件时采用一个俯视图,一个阶梯剖的主视图,和一个轴测图就能较好地反映零件地结构及尺寸。

5.2.3 设计步骤

1. 步骤1:打开建模零件

启动UG NX8.0,打开D:\UG_FILES\CH3目录下的文件"xiamuzuo.prt"。

2. 步骤2:进入"制图"模块

单击 开始·菜单选择【制图】,进入"UG制图"模块,同时标题变为"NX8-制图-xiamuzuo.prt(修改的)"。

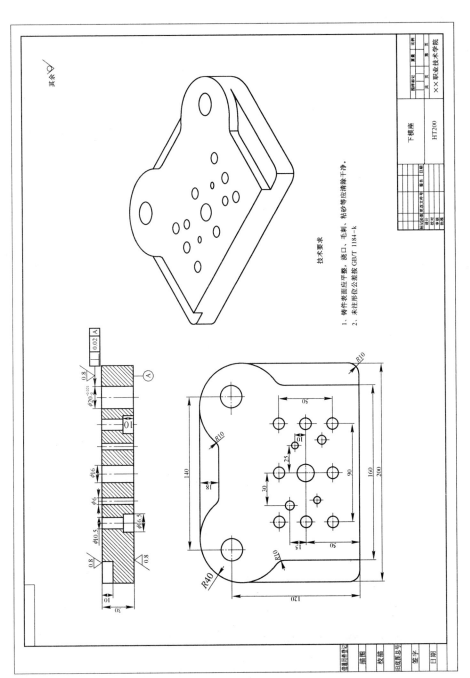

图 5-20 下模座零件图

3. 步骤3：插入"图纸页"

单击【插入】→【图纸页】或者单击【图纸】工具栏中的【新建图纸页】图标，弹出图 5-2 所示"图纸页"对话框。"大小"采用"使用模板"，选择"A2 - 无视图"，勾选"自动启动视图创建"，选择"基本视图命令"，单击【确定】。

4. 步骤4：添加俯视图

步骤 3 确定后，系统自动弹出【基本视图】对话框，在"要使用的模型视图"中选择"俯视图"，通过鼠标在图纸上确定位置，创建俯视图，如图 5-21 所示。

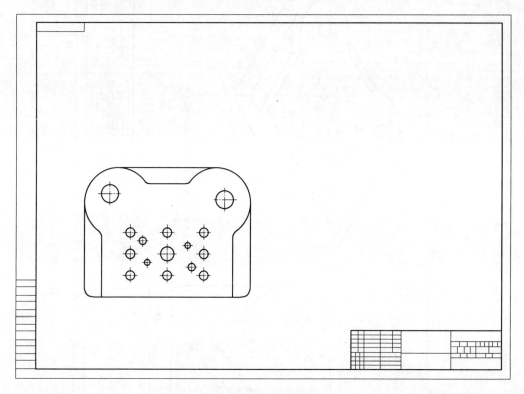

图 5-21　添加俯视图

5. 步骤5：添加阶梯剖视图

单击"剖视图"图标，选择"俯视图"作为父视图，系统弹出如图 5-22 所示【剖视图】工具条，此时系统提示选择第一个剖切点，这里选择俯视图中左下 φ10.5 孔的圆心，接着单击一下"剖视图"工具栏内的"截面线"中的【添加段】，然后如图 5-23 所示逐一添加各孔中心点，选完成以后，再单击一下【添加段】（结束添加段的意思），通过鼠标将剖视图移到合适位置放下，最后形成如图 5-23 所示的阶梯剖视图。

图 5-22　剖视图

6. 步骤6：添加轴测图

在【图纸】工具栏内单击【基本视图】图标，弹出图 5-3 所示【基本视图】对话框，"要使

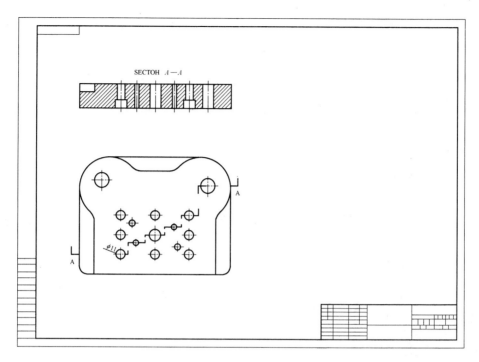

图 5-23　创建阶梯剖视图

用的模型视图"选择"正等测视图",用鼠标在绘图区选择放置点,并关闭【基本视图】对话框,结果如图 5-24 所示。

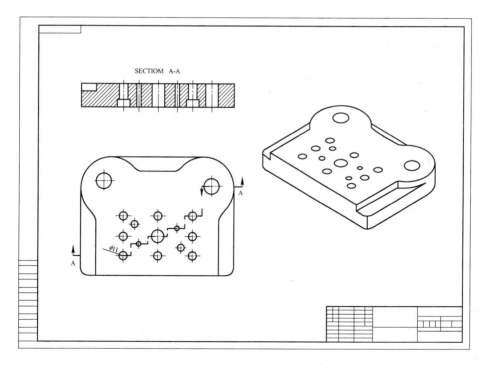

图 5-24　创建"正等测"视图

7. 步骤7：标注尺寸

合理应用【尺寸】工具条中的【自动判断】、【圆柱尺寸】、【半径】等工具标注尺寸，并注意标注导柱孔和销孔的公差，如图5-20所示。

8. 步骤8：标注技术要求

用【注释】或者用 GC 工具箱中的"技术要求库"来添加"文字技术要求"；单击【插入】→【注释】→【表面粗糙度符号】，添加各加工面的粗糙度并填写标题栏中的相关内容，结果如图5-20所示。

9. 步骤9：结束

保存并关闭文件。

任务三：创建复合模具装配工程图

5.3.1 任务描述

利用 UG 软件将项目3任务三完成的复合模具三维装配转成如图5-25所示二维工程图纸。

5.3.2 任务分析

装配图既是制定装配工艺规程，进行装配、检验、安装及维修的技术文件，也是表达设计思想、指导生产和交流技术的重要技术文件。模具装配图的内容主要包括：一组模具视图，必要的尺寸，技术要求，零件序号、标题栏、明细栏等内容。本模具采用一个俯视图和一个阶梯剖的主视图可以将零件间的装配关系表达清楚。

5.3.3 设计步骤

1. 步骤1：打开复合模装配文件

启动 UG NX8.0，单击【文件】→【选项】→【装配加载选项】，弹出如图5-26所示的【装配加载选项】对话框，将"加载方式"由"从文件夹"修改为"按照保存的"（此步骤是为了将标准件调出）。打开 D:\UG_FILES\CH3 目录下的文件"zongzhuangpei.prt"。

2. 步骤2：进入"制图"模块

单击 开始·菜单选择【制图】，进入"UG 制图"模块，同时标题变为"NX8-制图-zongzhuangpei.prt(修改的)"。

3. 步骤3：插入"图纸页"

单击【插入】→【图纸页】或者单击【图纸】工具栏中的【新建图纸页】图标 ，弹出图5-2所示"图纸页"对话框。"大小"采用"使用模板"，选择"A1 装配—无视图"，勾选"自动启动视图创建"，选择"基本视图命令"，单击【确定】。

4. 步骤4：添加"俯视图"

步骤3确定后，系统自动弹出【基本视图】对话框，在"要使用的模型视图"中选择"俯视图"，通过鼠标在图纸上确定位置，创建俯视图，如图5-27所示。

5. 步骤5：修改"俯视图"属性

选择俯视图（鼠标放在图边界处），双击左键，或者按鼠标右键，弹出快捷菜单，单击"样

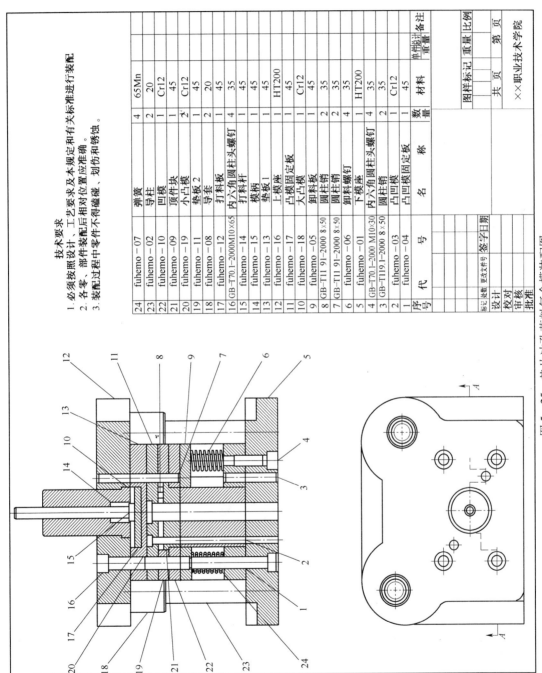

图 5-25 垫片冲孔落料复合模装配图

项目 5 UG NX 模具零件工程图

图 5-26 装配加载选项

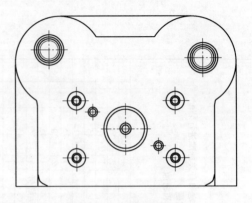

图 5-27 添加俯视图

图 5-28 视图样式

式",出现如图 5-28 所示"视图样式"编辑对话框,将隐藏线用虚线表示,结果如图 5-29 所示。

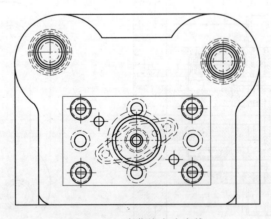

图 5-29 隐藏线变为虚线

6. 步骤 6：添加"主视图"

单击【插入】→【视图】→【截面】→【简单/阶梯剖】，或者单击【图纸】工具条中的【剖视图】图标，系统弹出【剖视图】工具栏，选择"俯视图"为"父视图"，在俯视图中首先选择左下 ϕ10.5 孔的圆心作为第一个剖切点，再点选剖视图工具中的【添加段】，再在俯视图中依次选择其他剖切位置如图 5-30 所示，选完成以后，再单击一下【添加段】，然后通过鼠标将剖视图移到合适位置放下，最后形成如图 5-30 所示的主视图。如果对阶梯剖视图的效果不满意,可以用鼠标左键双击剖切线,对弹出的对话框中【添加段】、【移动段】、【删除段】,进行修改。修改后对视图进行"更新"完成主视图的创建。

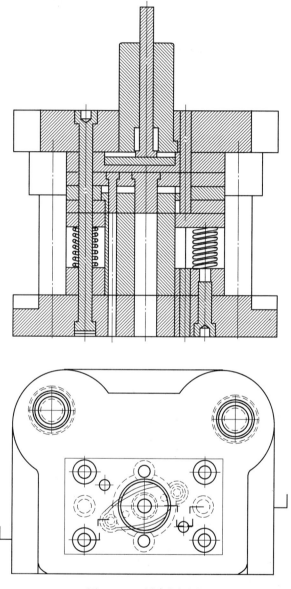

图 5-30 创建主视图

7. 步骤 7:修改"主视图"

单击【编辑】→【视图】→【视图中剖切】或者单击【制图编辑】工具栏内的【视图中剖切】图标 ,弹出如图 5-31 所示的【视图中的剖切】对话框,选择主视图,单击"选择对象",在视图中或者装配导航器中选择"打料杆"、"大凸模"、"小凸模"以及各标准件,"操作"选择"变成非剖切",单击【确定】。

左键双击主视图,或者选择单击主视图,单击右键弹出快捷菜单,选择【样式】弹出【视图样式】对话框,单击【截面线】,选择"装配剖面线",选择"将剖面线角度限制在 45 度",单击【确定】,形成如图 5-32 所示的"主视图"。

项目 5 UG NX 模具零件工程图 | 115

图 5-31 "视图中的剖切"对话框

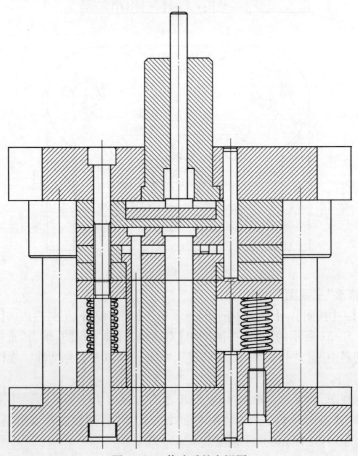

图 5-32 修改后的主视图

> **注意**
>
> 在"视图式样"对话框(见图 5-33)中选择"截面线",将"背景"打勾,出现后面的线条即"剖视",否则即为"剖面图";"装配剖面线"打勾,使各部件的剖面线方向不同,否则整个装配图的剖面线为同一方向。

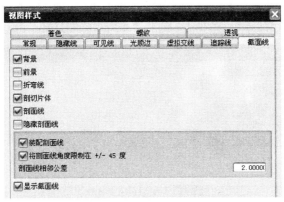

图 5-33 修改剖面线

8. 步骤 8:生成明细表

1) 编辑级别

单击【制图编辑】工具条中的【编辑明细表级别】,选择图纸右下角的明细表,或者选择图纸右下角明细表,单击鼠标右键,选择"编辑级别",弹出如图 5-34 所示【编辑级别】对话框,取消系统默认所选择的"主模型",此时提示栏中会显示"明细表将包括主模型",同时,右下角明细表的零件数增加了。

图 5-34 【编辑级别】对话框

2) 输入零件"属性"

明细表级别修改后,可能还仅仅显示几个"标准件",如图 5-35 所示。除了标准件外,自己建构的零件都在一栏内,数量显示 29。这是由于标准件都赋予了较详细的"属性",而自己建构的零件没有添加"属性"。

序号	代号	名称	数量	材料	单件 重量	总计	备注
6	GB-T70.1-2000,M10×30	内六角圆柱头螺钉	4			0.0	
5	GB-T119.1-2000,8×50	圆柱销	2			0.0	
13	GB-T119.1-2000,5×20	圆柱销	2			0.0	
12	GB-T119.1-2000,8×75	圆柱销	2			0.0	
11	GB-T70.1-2000,M10×65	内六角圆柱头螺钉	4			0.0	
[...]		[...]	29			0.0	

图 5-35 未修改的明细表

弹开【装配导航器】,单击 左边的"图钉"图标,让其固定住。选择"xiamuzuo",单击鼠标右键,弹出快捷菜单,单击【属性】,弹出如图 5-36 所示【组件属性】对话框。添加属性名为"DB_PART_NAME"为"下模座","DB_PART_NO"为"fuhemu_01",确定。用同样的方法将装配导航器中的零件(标准件除外)都添加这两个属性,名称输入各零件中文名称,图号依次排列。

用鼠标右键单击如图5-37箭头所示的装配导航器的空白处,弹出快捷菜单,选择【列】弹出如图5-38所示菜单,选择上一步骤新建的两个属性"DB_PART_NAME"和"DB_PART_NO",将其余的前面的勾都去掉,结果形成如图5-39所示的装配导航器。

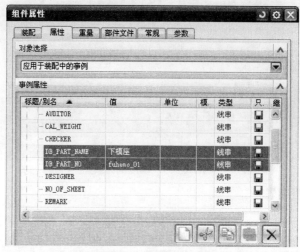

图5-36 添加零件属性

图5-37 装配导航器设置

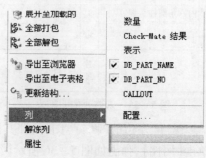

图5-38 装配导航器快捷菜单

装配导航器		
描述性部件名	DB_PART_NAME	DB_PART_NO
☑ aomo	凹模	fuhemo_10
☑ djk	顶件块	fuhemo_09
☑ daotao	导套	fuhemo_08
☑ daotao	导套	fuhemo_08
☑ GB-T70.1-2000, M10x30	内六角圆柱头螺钉	GB-T70.1-2000, M10x30
☑ GB-T70.1-2000, M10x30	内六角圆柱头螺钉	GB-T70.1-2000, M10x30
☑ GB-T70.1-2000, M10x30	内六角圆柱头螺钉	GB-T70.1-2000, M10x30
☑ GB-T70.1-2000, M10x30	内六角圆柱头螺钉	GB-T70.1-2000, M10x30
☑ GB-T119.1-2000, 8x50	圆柱销	GB-T119.1-2000, 8x50
☑ GB-T119.1-2000, 8x50	圆柱销	GB-T119.1-2000, 8x50
☑ tanhuang	弹簧	fuhemo_07
☑ tanhuang	弹簧	fuhemo_07
☑ tanhuang	弹簧	fuhemo_07
☑ tanhuang	弹簧	fuhemo_07
☑ xieliaoluoding	卸料螺钉	fuhemo_06
☑ xieliaoluoding	卸料螺钉	fuhemo_06
☑ xieliaoluoding	卸料螺钉	fuhemo_06
☑ xieliaoluoding	卸料螺钉	fuhemo_06
☑ xieliaoban	卸料板	fuhemo_05
☑ tuaomogudingban	凸凹模固定板	fuhemo_04
☑ tuaomo	凸凹模	fuhemo_03
☑ daozhu	导柱	fuhemo_02
☑ daozhu	导柱	fuhemo_02
☑ xiamozuo	下模座	fuhemo_01

图 5-39 重新设置的装配导航器

选择图纸右下角"明细表",单击鼠标右键,选择【更新零件明细表】,此时视图中自己建构的零件都显示在明细表中。继续选择"明细表"单击鼠标右键,单击【排序】,选择"根据代号"排序。逐一在表格中修改或填写"序号"和"材料"结果如图 5-40 所示。

注意

此处"序号"和"材料"也都是可以通过"属性"建立的。"材料"属性往往是被锁定的。需要打开零件的建模文件,选择【工具】→【材料】→【指派材料】来添加。

9. 步骤 9:生成零件序号

单击【插入】→【表格】→【自动生成序号】，或者单击【表格】工具条中的【自动生成序号】图标，系统弹出如图 5-41 所示"零件明细表自动标注"对话框,选择图纸右下角的明细表,弹出 5-42 对话框,选择主视图,确定,在主视图上就自动产生了零件序号。

单击【GC 工具箱】→【制图工具】→【装配序号排序】，弹出如图 5-43 所示的"装配序号排序"对话框,在视图中选择一个作为"初始序号",按"顺时针"或"逆时针"方向,单击确定,视图中的装配序号就按顺序排列。

10. 步骤 10:插入技术要求

通过【注释】或者【GC 工具箱】中的【技术要求库】填写装配技术要求。

11. 步骤 11:保存并关闭文件

序号	代号	名称	数量	材料	单件 重量	总计 重量	备注
24	GB-T70.1-2000,M10×65	内六角圆柱头螺钉	4	35	0.0		
23	GB-T70.1-2000,M10×30	内六角圆柱头螺钉	4	35	0.0		
22	GB-T119.1-2000,8×75	圆柱销	2	35	0.0		
21	GB-T119.1-2000,8×50	圆柱销	2	35	0.0		
20	GB-T119.1-2000,5×20	圆柱销	2	35	0.0		
19	fubemo_19	小凸模	2	Cr12	0.0		
18	fubemo_18	大凸模	1	Cr12	0.0		
17	fubemo_17	凸模固定板	1	45	0.0		
16	fubemo_16	上模座	1	HT200	0.0		
15	fubemo_15	模柄	1	45	0.0		
14	fubemo_14	打料杆	1	45	0.0		
13	fubemo_13	垫板1	1	45	0.0		
12	fubemo_12	打料板	1	45	0.0		
11	fubemo_11	垫板2	1	45	0.0		
10	fubemo_10	凹模	1	Cr12	0.0		
9	fubemo_09	顶件块	1	45	0.0		
8	fubemo_08	导套	2	20	0.0		
7	fubemo_07	弹簧	4	65Mn	0.0		
6	fubemo_06	卸料螺钉	4	35	0.0		
5	fubemo_05	卸料板	1	45	0.0		
4	fubemo_04	凸凹模固定板	1	45	0.0		
3	fubemo_03	凸凹模	1	Cr12	0.0		
2	fubemo_02	导柱	2	20	0.0		
1	fubemo_01	下模座	1	HT200	0.0		

标记	处数	更改文件号	签字	日期		图样标记	重量	比例
设 计								
校 对						共 页	第 页	
审 核								
批 准								

图 5-40 修改后的明细表

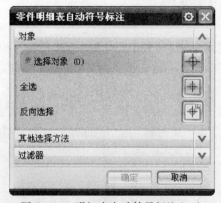

图 5-41 明细表自动符号标注(一)

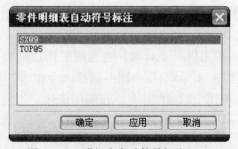

图 5-42 明细表自动符号标注(二)

图 5-43 装配序号排序

拓 展 练 习

拓展练习1:按图建模造型,并创建工程图。

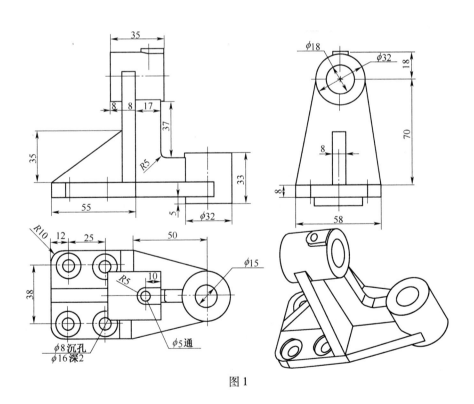

图 1

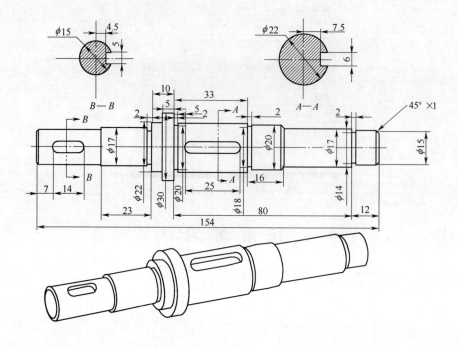

图2

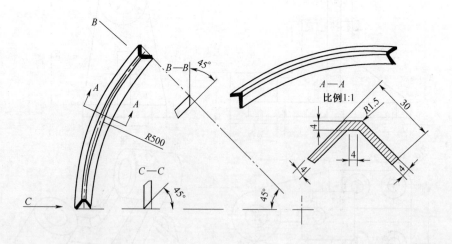

图3

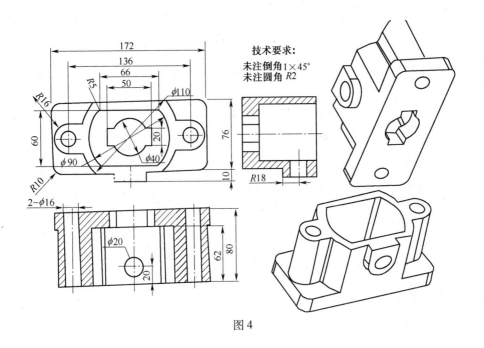

图 4

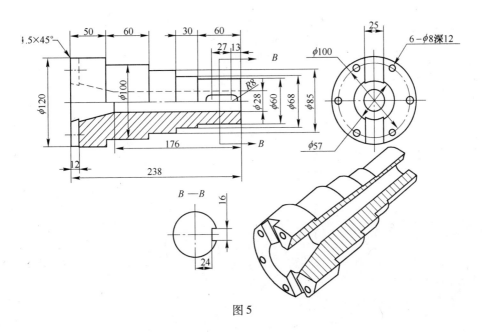

图 5

项目6 UG NX产品造型设计

本项目以日常生活常见的五个实际产品的设计过程为工作任务,结合 UG NX 曲面命令,完成产品造型设计,主要包括如下内容:

任务一:节能灯泡
任务二:矩形塑料盖
任务三:塑料勺
任务四:饮料瓶
任务五:苹果模型
拓展练习

任务一:节 能 灯 泡

6.1.1　任务描述

设计如图6-1所示双管节能灯泡。

图6-1　节能灯泡

6.1.2　任务分析

该零件是较为简单的典型曲面零件。本范例对该零件主要采用扫掠、移动对象、边倒圆等曲面或特征命令进行形体构建。

其基本绘制流程图如图6-2所示。

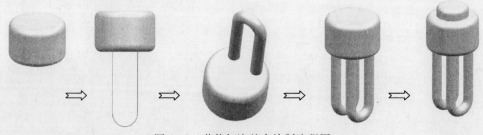

图6-2　节能灯泡基本绘制流程图

6.1.3 设计步骤

1. 步骤1：新建文件

启动 UG NX8.0，新建文件，类型为"建模"，文件名为"jienengdengpao"，选择"毫米"单位。

2. 步骤2：创建灯座

1）创建圆柱体

单击【插入】→【设计特征】→【圆柱】命令，或者使用【定制】功能将圆柱图标调出，并单击；在系统弹出如图6-3所示的【圆柱】对话框中，"类型"选择"轴、直径和高度"，指定 ZC 正方向为圆柱的高度方向，单击"指定点"图标，弹出"点"对话框，选择默认坐标原点(0,0,0)为圆柱起始点，在尺寸栏内输入"直径"为62，"高度"为40，单击确定建构圆柱，如图6-4所示。

图6-3 圆柱对话框

图6-4 创建的圆柱

2）圆柱体倒圆角

单击【插入】→【细节特征】→【边倒圆】命令，或者使用【定制】功能将边倒圆调出，并单击图标；系统弹出如图6-5所示的【边倒圆】对话框，选择倒圆角边1和倒圆角边2，倒圆半径设置为6，单击确定，生成如图6-6所示的模型。

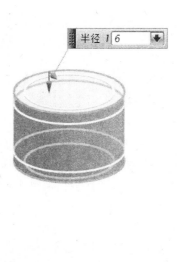

图6-5 边倒圆对话框

图6-6 倒圆后的模型

3. 步骤3：创建灯管

1）创建直线

将视图转换为右视图。单击【插入】→【曲线】→【直线】命令,或从【曲线】工具栏单击图标,在弹出的"直线"对话框中,分别单击起点和终点选项按钮,在弹出的【点构造器】对话框中,输入起点坐标(13,-13,0),点参考设置为 WCS,单击确定;同理输入终点坐标(13,-13,-60),单击确定,生成如图6-7所示的直线。

同样的方法创建另一条直线,起点坐标为(13,13,0),终点坐标为(13,13,-60),生成直线如图6-8所示。

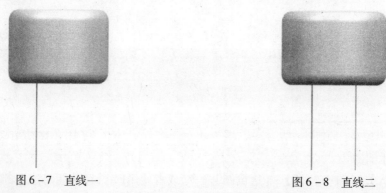

图6-7 直线一   图6-8 直线二

2）创建圆弧

将视图转换为右视图。单击【插入】→【曲线】→【圆弧/圆】命令,或从【曲线】工具栏单击图标,在弹出的"圆弧/圆"对话框中,选择三点画圆弧,单击两直线的两个端点作为圆弧的起点和终点,单击中点的按钮,在弹出的【点构造器】对话框中,输入中点坐标(0,0,-73),点参考设置为 WCS,单击确定,生成如图6-9所示的圆弧。

3）创建圆

将视图转换为俯视图,单击【草图】→【圆】命令,在 XY 平面内选择(13,13,0)即直线的起点为圆心,输入半径为5,生成如图6-10所示的圆。

4）扫掠

单击【插入】→【扫掠】→【扫掠】命令,或从【曲面】工具栏中单击图标,系统弹出如图6-11所示的【扫掠】对话框。截面选择上面建好的半径为5的圆,引导线选择图6-11中U形曲线,单击确定,生成灯管扫掠曲面如图6-12所示。

5）创建另一灯管

单击【编辑】→【移动对象】命令,系统弹出【移动对象】对话框如图6-13所示。选择灯管为移动对象,在运动下拉列表中选择"距离","指定矢量"列表中选择 $-Xc$,单击确定,生成结果如图6-13所示。

图 6-9 圆弧

图 6-10 创建圆

图 6-11 扫掠

图 6-12 灯管扫掠曲面

图 6-13 创建另一灯管

4. 步骤4：创建灯头

1) 创建圆柱体

单击【插入】→【设计特征】→【圆柱】命令，或者使用【定制】功能将圆柱图标调出，并单击；在系统弹出如图6-14所示的【圆柱】对话框中，"类型"选择"轴，直径和高度"，指定 ZC 正方向为圆柱的高度方向，单击"指定点"图标，弹出"点"对话框，选择默认坐标原点(0,0,40)为圆柱起始点，在尺寸栏内输入"直径"为38，"高度"为12，单击确定建构圆柱，如图6-14所示。

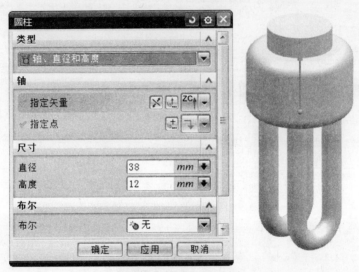

图6-14 灯头圆柱创建

2) 圆柱体倒圆角

单击【插入】→【细节特征】→【边倒圆】命令，或者使用【定制】功能将边倒圆调出，并单击图标；系统弹出【边倒圆】对话框，选择倒圆角边，如图6-15所示，倒圆半径设置为5，单击确定，生成如图6-16所示的节能灯灯头模型。

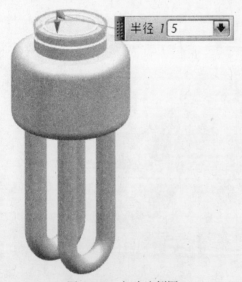

图6-15 灯头边倒圆

图6-16 灯头模型

5. 步骤 5：求和

单击 图标，目标"选择体"选择灯座，刀具"选择体"选择灯管和灯头，单击确定，最终形成节能灯管整体模型。

6. 步骤 6：【保存并关闭】

完成"jienengdengguan"零件的建构。

任务二：矩形塑料盖

6.2.1 任务描述

设计如图 6-17 所示矩形塑料盖。

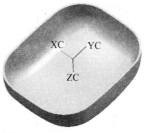

图 6-17 矩形塑料盖

6.2.2 任务分析

该零件为盖类零件。本范例对该零件主要采用扫掠、镜像、修剪的片体、缝合片体、加厚片体及边倒圆等曲面、特征命令进行形体构建。

其基本绘制流程图如图 6-18 所示。

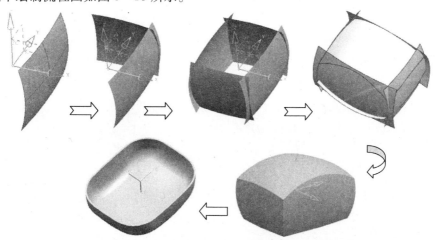

图 6-18 盖类零件的基本绘制流程图

6.2.3 设计步骤

1. 步骤 1：新建文件

启动 UG NX8.0，新建文件，类型为"建模"，文件名为"suliaogai"。

2. 步骤2：建构扫掠曲面1

1）绘制扫描轨迹1

新建图层"21"并设为工作图层；单击【草图】工具条，选择 XY 平面为草图平面；绘制如图 6-19 所示的草图，圆弧中心在 X 轴上；退出草图。

2）绘制截面曲线1

单击【草图】工具，在 XZ 平面上绘制如图 6-20 的圆弧作为截面线串，圆弧中心在 X 轴上。

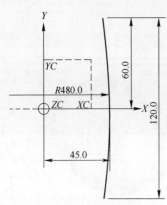
图 6-19 扫描轨迹1

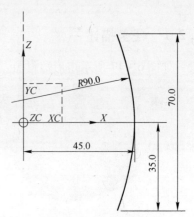
图 6-20 截面曲线1

3）建立扫掠曲面1

将1层设置为工作图层，单击【扫掠】工具，选择图 6-20 中所画曲线为截面曲线，图 6-19 中所画曲线为引导线，形成如图 6-21 所示的扫掠曲面1。

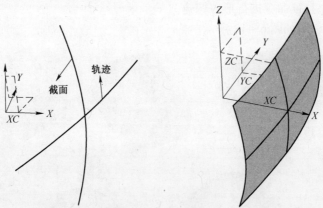
图 6-21 扫掠曲面1

3. 步骤3：建构扫掠曲面2

1）绘制轨迹曲线2

新建新图层"22"，单击【草图】工具，在 XY 平面上绘制如图 6-22 的圆弧后，退出草图。

2）绘制截面曲线2

单击【草图】工具，在 YZ 平面上绘制如图 6-23 的圆弧作为扫掠曲面2的截面曲线，圆弧中心在 Y 轴上。

3）建立扫掠曲面2

将1层设置为工作图层，单击【扫掠】工具，选择图 6-23 所画曲线2为截面曲线，图6-22

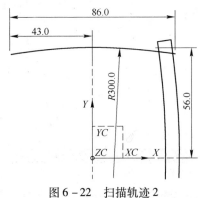

图 6-22 扫描轨迹 2　　　　　　图 6-23 截面曲线 2

所画扫描轨迹曲线 2 为轨迹曲线,形成如图 6-24 所示的扫掠曲面 2。

4. 步骤 4:建立镜像曲面

单击【镜像特征】工具,通过 YZ 平面和 XZ 平面将扫掠曲面 1 和扫掠曲面 2 做镜像,生成结果如图 6-25 所示的镜像曲面。

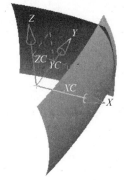 

图 6-24 扫掠曲面 2　　　　　　图 6-25 镜像曲面

5. 步骤 5:建构扫掠曲面 3

1)绘制轨迹曲线 3

新建 23 层为工作图层,单击【草图】工具,在 XZ 平面上绘制如图 6-26 的圆弧,圆弧中心在 Z 轴上。

2)绘制截面曲线 3

单击【草图】工具,在 YZ 平面上绘制如图 6-27 的圆弧,圆弧中心在 Z 轴上;并退出草图。

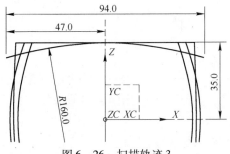 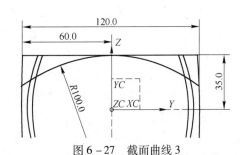

图 6-26 扫描轨迹 3　　　　　　图 6-27 截面曲线 3

3)建立扫掠曲面 3 作为顶面

将 1 层设置为工作图层,单击【扫掠】工具,选择图 6-27 中所画曲线为截面曲线,图 6-

26所画曲线为轨迹曲线,形成如图6-28所示的扫掠曲面。

6. 步骤6:修剪的片体

1)扫掠曲面相互修剪

单击【修剪的片体】,弹出如图6-29对话框,依次选择"目标片体"和"边界对象"将零件修剪成如图6-30所示。

2)XY平面修剪

单击【修剪的片体】,用XY平面将曲面修剪成如图6-31所示。

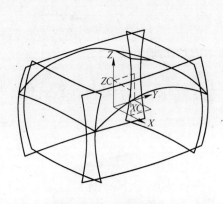

图6-28 扫掠曲面3　　　　　　　　　图6-29 修剪的片体对话框

 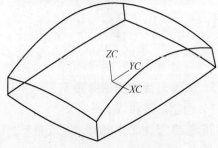

图6-30 曲面相互修剪　　　　　　　　图6-31 XY平面修剪片体

7. 步骤7:形成塑料盒

1)缝合片体

单击【缝合】工具,选择其中一个为目标片体,另外4个片体为工具片体,将5个曲面缝合在一起。

2)边倒圆

单击【边倒圆】,对六条边进行倒圆弧,尺寸如图6-32所示,操作过程如图6-33所示,(这里如果一个一个倒圆角,将不能形成所需要的形状),形成结果如图6-34所示。

3)加厚片体

单击【加厚】工具,弹出如图6-35对话框,选择缝合表面为加厚面,加厚方向箭头朝曲面内部,输入厚度"1.7"mm,完成如图6-36所示的塑料盖零件的建构。

8. 步骤8:保存并关闭

完成"suliaogai"零件的建构。

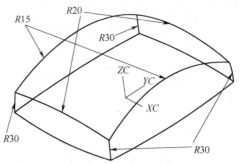

图 6-32 边倒圆尺寸

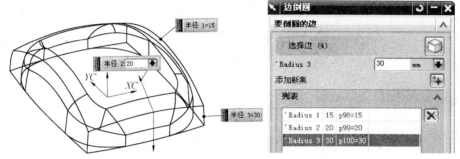

图 6-33 边倒圆对话框

图 6-34 边倒圆结果

图 6-35 加厚对话框

图 6-36 加厚模型

任务三：塑 料 勺

6.3.1 任务描述

设计如图 6-37 所示塑料勺子。

图6-37 塑料勺子

6.3.2 任务分析

该零件为典型曲面零件。本范例对该零件主要采用拉伸曲面、扫掠曲面、网格曲面、缝合曲面、裁剪曲面、曲面加厚及边倒圆等曲面命令进行形体构建。

其基本绘制流程图如图6-38所示。

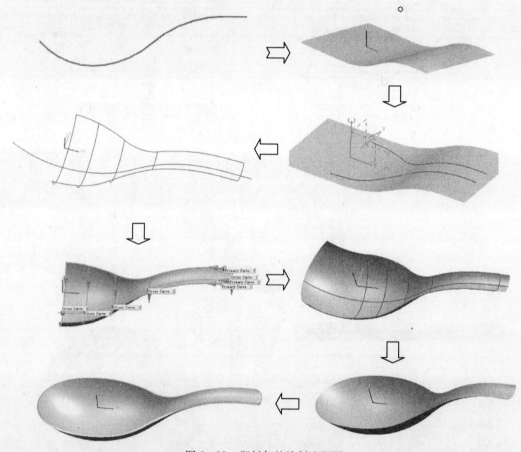

图6-38 塑料勺的绘制流程图

6.3.3 设计步骤

1. 步骤1：进入 UG NX8.0 界面

启动 UG NX8.0，新建文件类型"建模"，单位"毫米"，文件名为"suliaoshao"；

2. 步骤2：建立一条基准曲线1，作为网格曲线之一

在21层上，以 XZ 平面为基准，用草图绘制如图6-39所示的曲线。$R62$, $R80$ 圆心均在 Z 轴上。其余约束可仔细观察约束符号。

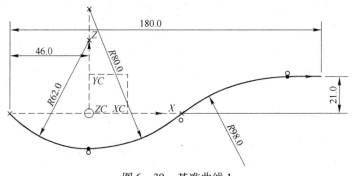

图 6-39 基准曲线 1

3. 步骤 3：建立拉伸曲面特征

退出【草图】后，将工作图层设置到 22 层，单击【草图】工具，选择 XZ 平面为草图平面，绘制图 6-40 所示草图。然后退出【草图】，将工作图层回到 1 层，单击【拉伸】工具条，选择所画曲线，"极限"为"对称"，距离输入"80"，"体类型"为"片体"，最后单击【确定】，完成勺子拉伸曲面的建立，如图 6-41 所示。

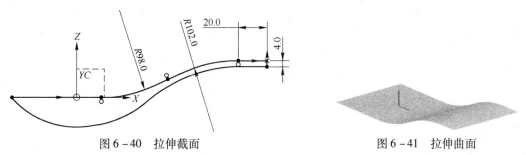

图 6-40　拉伸截面　　　　　　　图 6-41　拉伸曲面

4. 步骤 4：分别建立两条投影曲线，作为网格曲线

新建图层 23 层，并设为工作图层，为方便绘图，将 1 层不显示。单击【草图】工具，选择 XY 平面为草图平面，绘制如图 6-42 所示的曲线。退出草图界面。

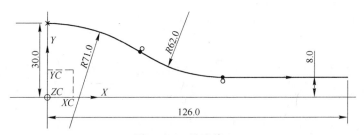

图 6-42　基准线 2

将 1 层设为工作图层，单击【投影曲线】工具条，选择所画曲线为要投影的曲线，选择步骤 3 的拉伸曲面为投影曲面，投影方向选择"面的法向"，最后【确定】，生成如图 6-43 所示的投影曲线。

图 6-43　投影曲线

项目 6　UG NX 产品造型设计 | 135

选择以上所生成的投影曲线,单击曲线工具栏【镜像曲线】,出现快捷菜单如图6-44所示,选择【指定平面】,如图6-45所示,然后选择XZ平面,形成第二条投影曲线,如图6-46所示。

图6-44 镜像曲线(选择曲线)

图6-45 镜像曲线(选择平面)

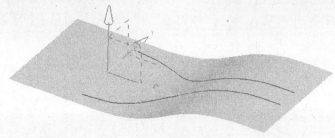
图6-46 镜像曲线结果

5. 步骤5:创建曲线模型

1）在投影线的控制点处,建立4个基准平面

将工作图层设置为31层,单击【基准平面】工具,选择控制点和YZ平面,即为通过控制点并与YZ平面平行,生成一个基准平面。单击【应用】后继续单击控制点2,依次做4个基准平面如图6-47所示。

2）建立基准面与中间一根网格线的交点

单击【点】工具,选择捕捉交点,然后先选基准面再选择曲线,依次建立5个交点。

3）建立5条圆弧曲线,作为网格曲线

分别在基准面YZ和上面建立的4个基准面上建立5条圆弧曲线。利用【控制点】和【存在点】的捕捉功能让每个圆弧都分别与3条网格曲线相交,如图6-48所示。

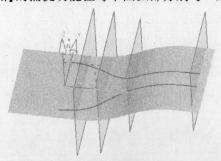
图6-47 创建基准面

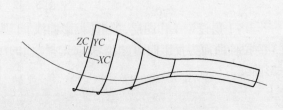
图6-48 创建5条圆弧曲线

6. 步骤6:建立网格曲面

将工作图层设置为2层,单击【通过曲线网格】,依次选择主曲线和交叉曲线,形成如图

6-49 所示的网格曲面。

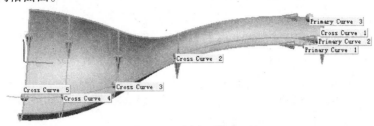

图 6-49　创建网格曲面

7. 步骤 7：建立扫掠曲面

1）建立扫掠曲面 1

单击【扫掠】，选择如图 6-50 所标注的截面线和引导线，完成扫掠曲面，如图 6-51 所示。

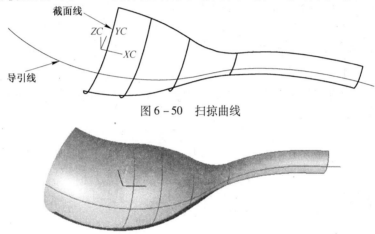

图 6-50　扫掠曲线

图 6-51　扫掠曲面 1

2）建立扫掠曲面 2

单击【扫掠】，选择如图 6-52 所标注的截面线和引导线，完成扫掠曲面，如图 6-53 所示。

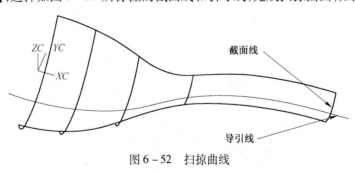

图 6-52　扫掠曲线

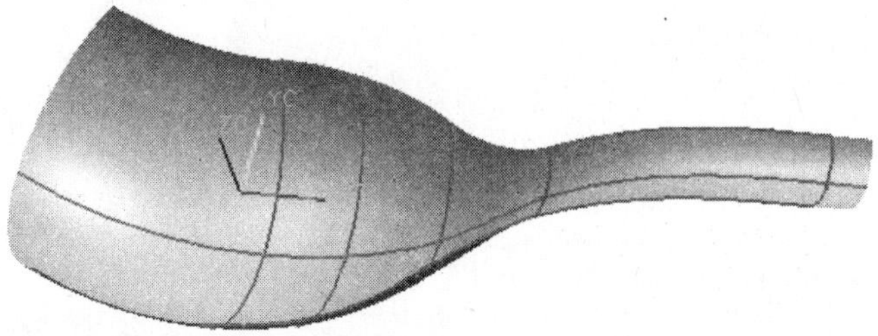

图 6-53　扫掠曲面 2

8. 步骤8：建立缝合曲面、裁剪曲面

1）建立缝合曲面

单击【缝合】命令，选择中间网格曲面为"目标体"再选择两边的扫掠曲面为"刀具体"，最后【确定】，完成缝合面的建立。

2）建立裁剪曲面

单击【修剪的片体】，选择缝合面为"目标面"，步骤3的拉伸面为"边界对象"，注意选择好"保留"还是"舍弃"形成如图6-54所示的裁剪片体。

图6-54 裁剪结果

9. 步骤9：生成塑料勺模型

1）曲面加厚

点选【加厚】工具条，选择勺子裁剪面，厚度输入1.5mm，方向指向曲面朝内，确定生成加厚实体，如图6-55所示。

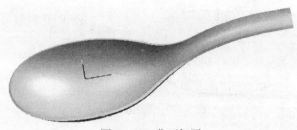

图6-55 曲面加厚

2）建立圆角特征

单击【边倒圆】工具条，选择勺子柄部两条竖边，输入半径"6mm"，形成最后勺子的建模，如图6-56所示。

图6-56 创建圆角

10. 步骤10：保存并关闭文件

任务四：饮 料 瓶

6.4.1 任务描述

设计如图6-57所示饮料瓶模型。

图 6-57 饮料瓶模型

6.4.2 任务分析

该零件为典型曲面薄壁零件。本范例对该零件主要采用回转、拉伸、修改曲面参数、修剪片体、创建 N 边曲面、缝合片体、加厚片体及移动复制、边倒圆等曲面和特征命令进行形体构建。

其基本绘制流程图如图 6-58 所示。

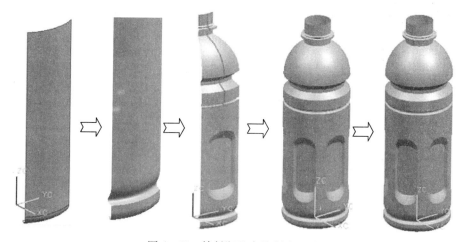

图 6-58 饮料瓶基本绘制流程图

6.4.3 设计步骤

1. 步骤 1：进入 UG NX8.0 界面

启动 UG NX8.0，新建文件类型"建模"，单位"毫米"，文件名为"yinliaoping"；

2. 步骤 2：创建一条草图曲线作为回转基准线

单击【草图】功能，选择 XOZ 平面为草图平面，绘制如图 6-59 所示的草图。

3. 步骤 3：建立回转曲面

单击【回转】功能，选择图 6-60 所画的草图为"回转截面"，选择 Z 轴为"回转轴"，选择

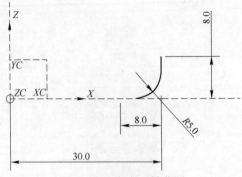

图 6-59 瓶底回转草图

基准坐标系(o)为"指定点",回转起始角度输入"-30",回转终止角度输入"30",生成如图 6-60 所示的回转曲面。

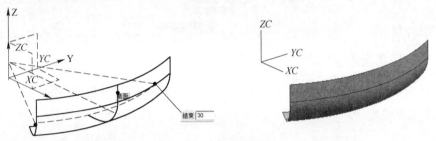

图 6-60 瓶底回转曲面

4. 步骤 4：规律延伸回转曲面

单击【曲面】功能中的【规律延伸】,选择回转面得上边沿,拉伸距离输入"100"后确定,结果如图 6-61 所示。

5. 步骤 5：修改曲面阶次

单击【编辑曲面】工具条中的【更改阶次】,出现图 6-62 所示的对话框,选择"编辑原先的片体"后,确定,选择步骤 4 中规律延伸的曲面,在如图 6-63 所示的图框中,将 V 向阶次改为"20",确定。

图 6-61 延伸曲面

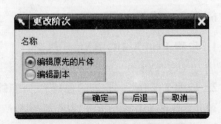

图 6-62 更改曲面阶次

图 6-63　参数修改

6. 步骤6：移动定义点

单击【编辑曲面】工具条中的【移动极点】,选择如图 6-64 所示的"编辑原片体"确定后选择延伸的曲面,结果如图 6-65 所示。在如图 6-66 所示的【移动极点】对话框中选择"整行（V 恒定）",同时选择如图 6-67 所示的回转片体上的一排点,如图 6-68 所示,在 DXC 栏中输入"-2",确定后,形成图 6-69 所示结果。

图 6-64　移动极点

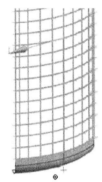

图 6-65　选择延伸的曲面

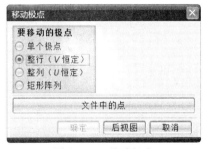

图 6-66　移动极点

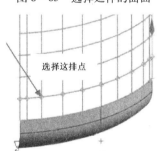

图 6-67　选择点

图 6-68　移动极点数据

图 6-69　曲面修改结果

项目6　UG NX 产品造型设计 | 141

7. **步骤7：缝合曲面**

单击【缝合】图标，选择回转片体作为目标片体，选择规律延伸曲面作为工具片体，将两个片体缝合为一个整体。

8. **步骤8：创建圆角**

单击【边倒圆】，选择如图6-70所示的棱边进行倒圆角。

9. **步骤9：创建草图**

单击【草图】工具，选择YOZ平面作为草图平面，绘制如图6-71所示的草图。

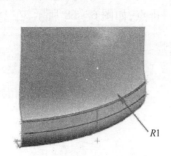

图6-70　倒圆角

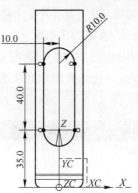

图6-71　瓶侧面草图

10. **步骤10：移动曲线**

单击下拉菜单【编辑】中的【移动对象】，出现如图6-72所示的【移动对象】对话框，选择步骤9所画草图曲线为"移动对象"，变换中的"运动"选项选择"距离"，"指定矢量"为X轴，"距离"输入"26"，确定，生成如图6-73所示的曲线。

图6-72　【移动曲线】对话框

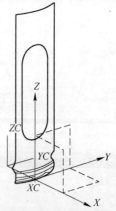

图6-73　移动曲线

11. **步骤11：修剪片体**

单击【修剪的片体】，"目标"选择缝合的片体，"边界对象"选择步骤10所偏置的曲线，"投影方向"选择"垂直于平面"，选择好合适区域后，确定，生成如图6-74所示的结果。

12. **步骤12：创建N边曲面**

单击【N边曲面】，"类型"为"三角形"片体，选择步骤11所裁剪后的曲面的边缘为边界，打开"形状控制"栏，用鼠标点选Z值的滑块按钮拖动，使曲面内凹，形成如图6-75所示的结果。

图 6-74　修剪的片体

图 6-75　创建 N 边曲面

13. 步骤 13：创建有界平面

单击【有界平面】，选择步骤 10 移动的曲线为边界，生成如图 6-76 所示的有界平面。

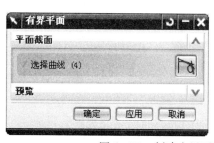 

图 6-76　创建有界平面

14. 步骤 14：裁剪曲面

单击【修剪的片体】，选择步骤 12 所创建的 N 边曲面为裁剪"目标面"，选择步骤 13 所创建的有界平面为"边界对象"生成如图 6-77 所示的结果；再次单击【修剪的片体】，选择步骤 13 所创建的有界平面为裁剪"目标面"，选择步骤 12 所创建的裁剪后的 N 边曲面为"边界对象"生成如图 6-78 所示的结果。

15. 步骤 15：缝合曲面

单击【缝合】工具图标，将界面中的三个曲面缝合起来。

项目 6　UG NX 产品造型设计 | 143

图 6-77 修剪曲面　　　　图 6-78 修剪曲面

16. 步骤 16：绘制草图

选择合适图层，点选【草图】功能，选择 XZ 平面为绘图平面，绘制如图 6-79 所示的草图，完成后退出草图。

17. 步骤 17：创建回转曲面

单击【回转】功能，选择步骤 16 所绘制的草图为"回转截面"，选择 Z 轴为"回转轴"，输入起始角度"-30"度，终止角度为"30"度，生成如图 6-80 所示的回转曲面。

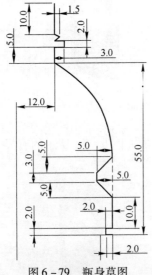
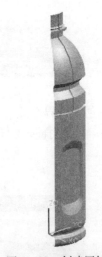

图 6-79 瓶身草图　　　　图 6-80 创建回转曲面

18. 步骤 18：缝合曲面

将步骤 17 所创建的回转曲面与前面的缝合曲面缝合为一个整体。

19. 步骤 19：创建圆角特征

对曲面上的一些过渡边缘进行倒圆角操作，如图 6-81 所示。

20. 步骤 20：移动复制对象

单击下拉菜单中的【编辑】，选择【移动对象】，弹出如图 6-82 所示对话框，选择所缝合的面为"移动对象"，变换的"运动"选择"旋转"，在角度栏中输入"60"度，指定 Z 轴为回转轴，在"结果"栏中点选"复制原先的"副本数选择"5"个，确定，生成结果如图 6-83 所示。

21. 步骤 21：缝合曲面

将移动复制的曲面和原先的曲面缝合起来。

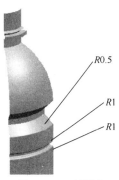

图 6-81 倒圆角

图 6-82 【移动对象】对话框

图 6-83 复制结果

22. 步骤 22：创建底面

单击【N 边曲面】，选择底面轮廓圆为边界曲线，类型选择"三角形"片体，通过形状控制，移动 Z 值，调整合适形状，选择回转面中的平面环形为"约束面"，类型选择"G1（相切）"，生成如图 6-84 所示结果。

23. 步骤 23：缝合曲面

将底面和瓶壁面缝合起来。

24. 步骤 24：倒圆角

选择瓶口的过渡边适量倒圆角，完成该饮料瓶模型的建构，如图 6-85 所示。

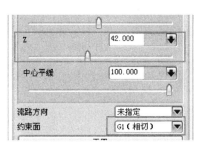

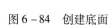

图 6-84 创建底面

图 6-85 饮料瓶模型

任务五：苹果模型

6.5.1 任务描述

设计如图 6-86 所示苹果模型。

图6-86 苹果模型

6.5.2 任务分析

该零件为较为复杂的典型曲面零件。本范例对该零件主要采用建构复杂曲线、通过曲线网格、扫掠、移动对象、边倒圆等曲面或特征命令进行形体构建。

其基本绘制流程图如图6-87所示。

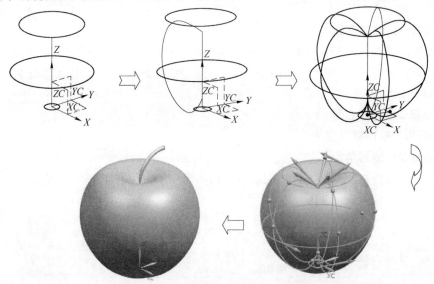

图6-87 苹果模型基本绘制流程图

6.5.3 设计步骤

1. 步骤1:进入 UG NX8.0 界面

启动 UG NX8.0,新建文件类型"建模",单位"毫米",文件名为"pingguomoxing"。

2. 步骤2:建立曲线模型

1) 建立规律曲线

在菜单条中选择【工具】→【表达式】命令,设置表达式参数如下,结果如图6-88所示。

t = 1

xt = 10 × cos(t × 360)

yt = 10 × sin(t × 360)

zt = 0 − 0.2 × sin(t × 360 × 5)

图 6-88 规律曲线表达式

使用菜单栏【插入】→【曲线】中【规律曲线】,【根据方程】方式创建规律曲线,结果如图 6-89 所示。

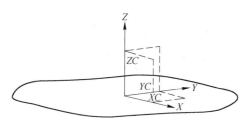

图 6-89 生成规律曲线

2) 绘制直线

使用【曲线】→【直线】命令绘制直线,起点坐标(0,0,12),终点坐标(0,0,85)。

3) 绘制圆

通过"【曲线】→【圆弧/圆】"命令或者草图命令绘制半径为60,圆心坐标(0,0,42)的中间圆。同样绘制半径为39,圆心坐标为(0,0,100)的上部圆。结果如图6-90所示。

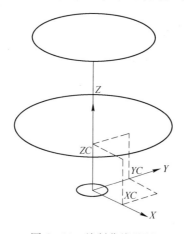

图 6-90 绘制曲线"圆"

3. 步骤3:创建样条曲线

使用【插入】→【曲线】中【样条】,按图6-91所示选择"通过点"、"多段"、"点构造器",依次选择直线的下端点、曲线与YZ平面的三个交点、直线上端点,结果如图6-92所示。

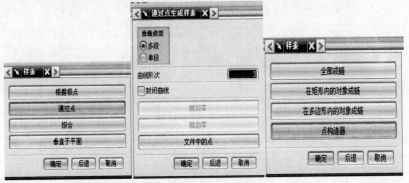

图6-91 绘制样条曲线

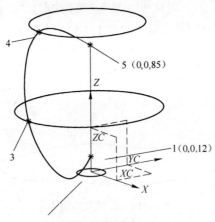

图6-92 生成样条曲线

4. 步骤4:复制曲线

使用【编辑】→【移动对象】,按图6-93所示设置,指定轴点为坐标原点,结果如图6-94所示。

图6-93 移动对象

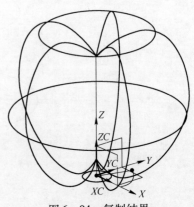

图6-94 复制结果

5. 步骤5:创建苹果主体

使用【曲面】→【通过曲线网格】,主曲线依次选择前面步骤中的1点、规律曲线、中间圆、顶圆、5点;交叉曲线依次选择5条样条曲线,结果如图6-95所示。

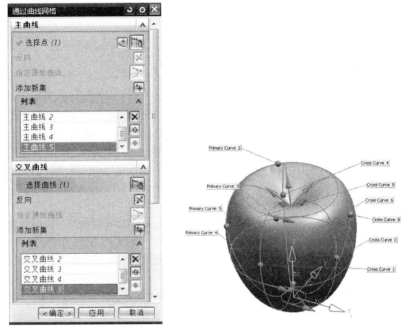

图6-95 网格曲面

6. 步骤6:创建苹果柄

1) 绘制苹果柄路径草图

使用【曲面】→【直线】和【圆弧】命令在 YZ 平面绘制草图,结果如图6-96所示。

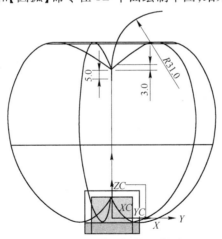

图6-96 苹果柄轨迹草图

2) 创建扫掠截面

使用【插入】→【扫掠】中【变化扫掠】命令,如图6-97所示,截面曲线选择图6-98所示草图曲线,弹出创建草图界面,按图6-99进行设置,在截面位置绘制直径为4的圆,如图6-100所示,完成草图。然后单击添加新集按钮,拖动截面50%的圆向下直至99%位置,将圆直径变为1,完成扫掠,最终形成苹果造型,如图6-101所示。

项目6 UG NX 产品造型设计 | 149

图6-97 变化扫掠对话框

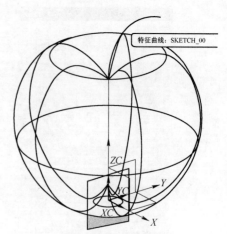

图6-98 扫掠轨迹线

图6-99 截面位置

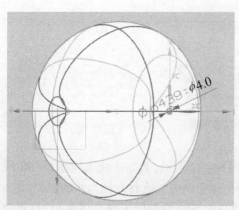

图6-100 截面草图

图6-101 苹果模型

拓 展 练 习

一、根据操作步骤提示创建模型

1. 使用表达式、通过曲线组、加厚等功能,创建如图1所示灯罩模型。

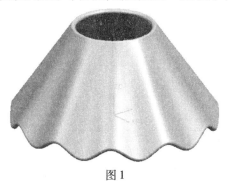

图1

操作步骤提示如下。

(1) 步骤1:在菜单条中选择【工具】/【表达式】命令,设置表达式参数,结果如图2所示。

图2

(2) 步骤2:使用【规律曲线】中的【根据方程】方式创建规律曲线,结果如图3所示。
(3) 步骤3:在高度为"90"处绘制直径为"80"的圆,圆心在Z轴上,结果如图4所示。

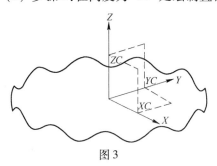

图3

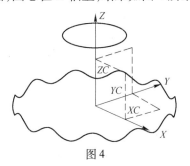

图4

（4）步骤4：使用【通过曲线组】功能，创建片体，结果如图5所示。

（5）步骤5：使用【加厚】功能，将片体向外加厚，厚度为"5"，结果如图6所示。

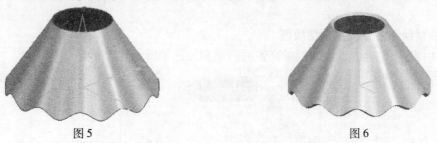

图5　　　　　　　　　　　　图6

（6）步骤6：使用【边倒圆】功能，对加厚特征的所有棱边进行倒圆角，圆角半径为"2"，结果如图7所示。

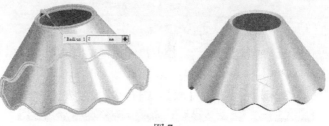

图7

2. 使用曲面偏置、通过曲线组、加厚、移动变换等功能创建如图8所示风扇叶片模型。

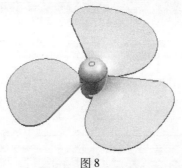

图8

操作步骤提示如下。

（1）步骤1：创建直径为"30"，高度为"40"的圆柱，结果如图9所示。

（2）步骤2：使用【偏置曲面】功能，偏置圆柱面，偏置距离为"80"，结果如图10所示。

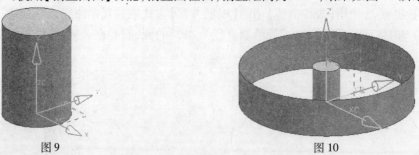

图9　　　　　　　　　　　　图10

（3）步骤3：在 YOZ 平面上绘制如图11所示的草图。

（4）步骤4：使用【投影曲线】功能，将绘制的两条曲线分别投影到圆柱面和偏置面上如图12所示。

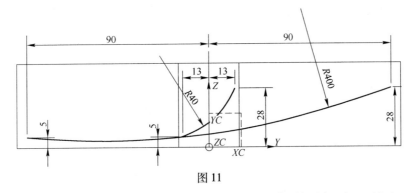

图 11

(5) 步骤5:将所画草图和基准面放置另外图层,并隐藏,结果如图13所示。

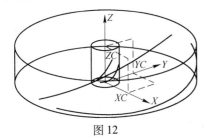

图 12

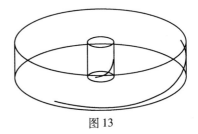

图 13

(6) 步骤6:使用【曲线长度】功能,将外面曲线两端各缩短40mm,里面曲线两端各缩短6mm,如图14所示。注意将取消【关联】后,然后再【输入曲线】选项中选择【替换】选项。

图 14

(7) 步骤7:使用【通过曲线组】功能,创建片体,结果如图15所示。

(8) 步骤8:使用【加厚】功能,将片体对称加厚,厚度为"1"mm,结果如图16所示。

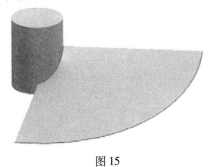

图 15

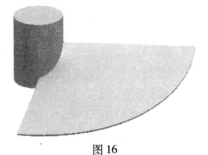

图 16

（9）步骤9：使用【偏置面】功能，参照图17所示，向外偏置实体面，偏置距离为"2"mm。

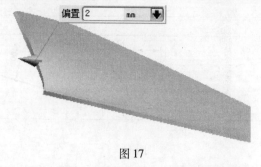

图17

（10）步骤10：使用【边倒圆】功能，参照图18所示，进行倒圆角。

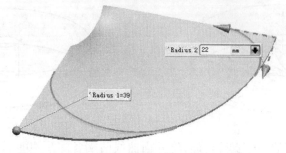

图18

（11）步骤11：单击菜单条中的【编辑】→【移动】命令将加厚特征进行旋转变换，结果如图19所示。

图19

（12）步骤12：使用【求和】功能，将所有的特征合并为一个整体。

（13）步骤13：使用【边倒圆】功能，创建圆角，圆角半径为"12mm"，结果如图20所示。

（14）步骤14：使用【孔】工具，在底面创建直径、深度分别为"20mm"和"28mm"的孔特征，结果如图21所示。

（15）步骤15：完成如图8所示的风扇叶片模型的建构。

3. 使用通过网格、N边曲面、扫掠等功能创建如图22所示的水壶模型。

操作步骤提示如下。

（1）步骤1：参照图23所示，绘制曲线。

（2）步骤2：使用【基本曲线】中的【倒圆】命令，对创建的圆进行倒圆角，结果如图24所示。

使用【基本曲线】中的【裁剪】功能，修剪曲线，结果如图25所示。

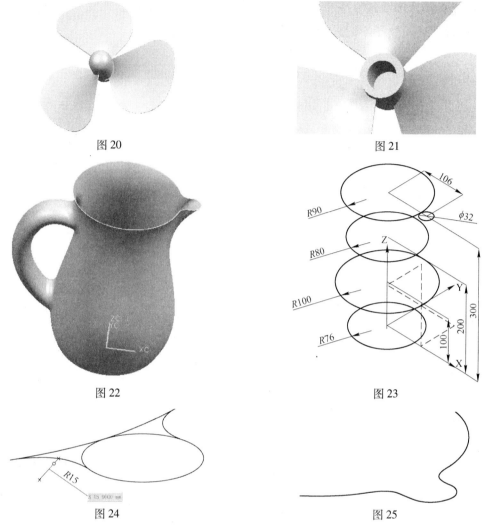

图 20

图 21

图 22

图 23

图 24

图 25

（3）步骤3：使用【样条】功能，捕捉象限点绘制两条样条曲线，取消【关联】选项，样条曲线的阶次为"5"，结果如图26所示。

（4）步骤4：使用【草图】功能，在 XZ 平面上绘制如图27所示的草图轮廓。

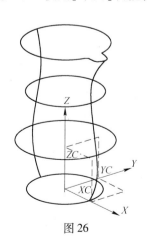

图 26

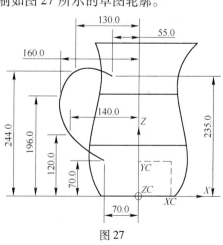

图 27

项目6　UG NX 产品造型设计 ｜ 155

(5)步骤5：使用【草图】功能，以上一步绘制的草图作为路径，在曲线端点，绘制如图28所示的椭圆截面。

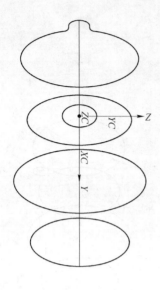 

图28

(6)步骤6：使用【编辑曲线】中的【分割曲线】功能，选择"按边界对象"方式，参照图29所示，对圆弧进行分割。

(7)步骤7：使用【通过曲线网格】功能，参照图30所示，选择主线串和交叉线串，创建网格曲面，如图31所示。

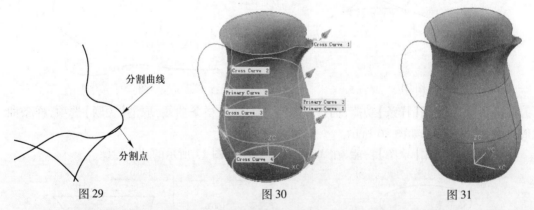

图29　　　　　　　　图30　　　　　　　　图31

(8)步骤8：使用【N边曲面】功能中的【已修剪】方式，选择曲线串，创建N边曲面，如图32所示。

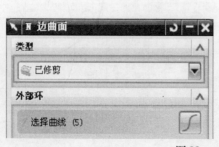 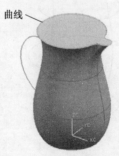

图32

（9）步骤9：使用【N边曲面】功能中的【多个三角补片】方式，选择曲线串，并调整形状，让底面内凹，创建N边曲面，如图33所示。

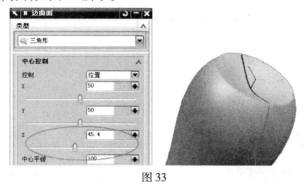

图33

（10）步骤10：使用【面倒圆】功能中的【扫掠截面】方式，创建面倒圆特征，圆角半径为"16"，结果如图34所示。

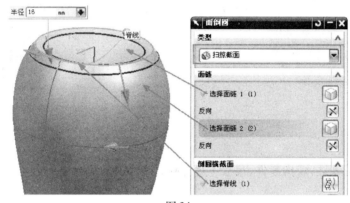

图34

（11）步骤11：使用【缝合】功能，将所有的片体合并为一个整体。

（12）步骤12：使用【沿引导线扫掠】功能，选择步骤5创建的曲线为引导线，选择步骤6创建的椭圆为扫掠截面，创建茶壶的手柄，结果如图35所示。

（13）步骤13：将手柄和缝合实体【求和】合并为一个整体。

（14）步骤14：只显示实体，隐藏其他几何对象。

（15）步骤15：使用【边倒圆】功能，参照图36所示，创建圆角特征。

图35

图36

项目6 UG NX 产品造型设计 | 157

（16）步骤16：使用【抽壳】功能中的【移除面,然后抽壳】方式,选择上表面作为移除面,创建厚度为"1.2"的外壳特征,如图37所示。

（17）步骤17：最后,使用【边倒圆】功能,对壶口进行倒圆角,内侧半径0.5mm,外侧半径0.3mm,结果如图38所示。

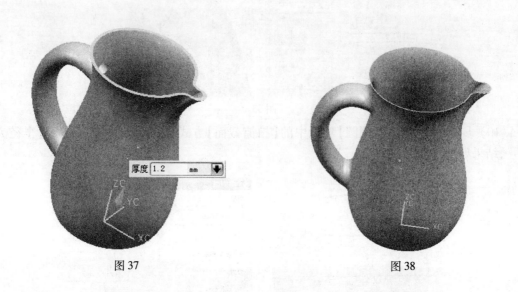

图37　　　　　　　　　　　　图38

二、根据以下表达,建构零件,尺寸不足之处,自行确定。

1. 酒瓶

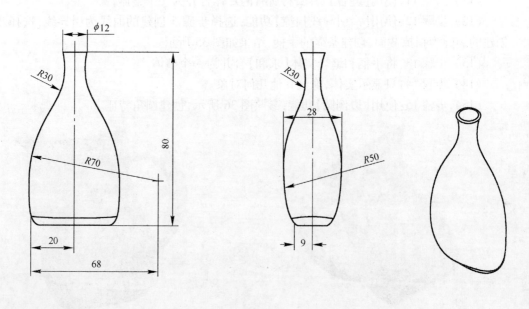

图39

2. 漏斗

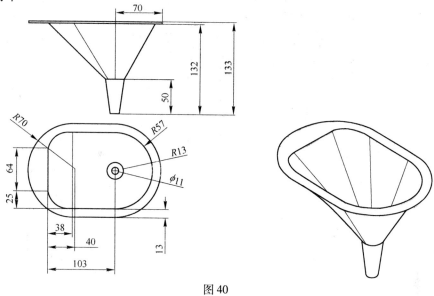

图 40

3. USB 数据盘

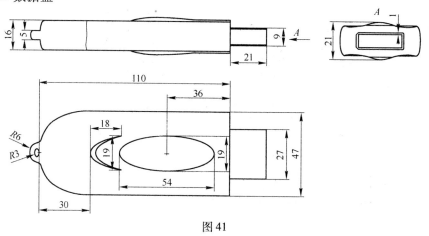

图 41

4. 花瓶

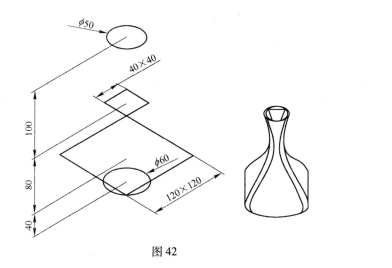

图 42

5. 酒瓶模型

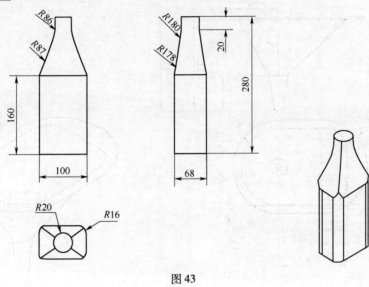

图 43

6. 电吹风模型

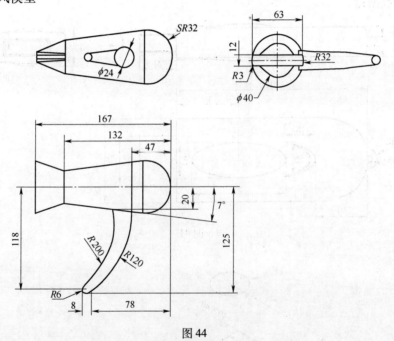

图 44

项目 7 UG NX 注塑模具设计

本项目主要内容介绍：
1. MoldWizard 注塑模具设计基础
2. 任务一：肥皂盒注塑模具设计
3. 任务二：仪表盒注塑模具设计
4. 拓展练习

7.1 MoldWizard 注塑模具设计基础

7.1.1 MoldWizard 简介及功能菜单介绍

MoldWizard 是 UG 公司提供的、运行在 NX 软件基础上的一个智能化、参数化的注塑模具设计模块。该模块专注于注塑模设计过程的简单化和自动化，是一个功能强大的注塑模具设计软件。它提供了对整个模具设计过程的向导，使从零件的装载、布局、分型、模架的设计、浇注系统的设计到模具系统制图的整个设计过程非常直观快捷，使模具设计人员专注于与零件特点相关的设计而无须过多关注繁琐的模式化设计过程。

使用注塑模向导模块设计模具，一般首先进入 UG NX 建模模块，然后选择标准工具栏上的【开始】→【所有应用模块】命令，在显示的功能选项命令中选择【注塑模向导】命令，可以打开如图 7-1 所示的注塑模向导工具栏，其中各功能介绍如下。

图 7-1 注塑模向导工具栏

（1）初始化项目：用来载入需要进行模具设计的产品零件，载入零件后，系统将生成用于存放布局和型腔、型芯等一系列文件。

（2）多腔模设计：在一个模具中可以生成多个塑料制品的型芯和型腔。

（3）模具 CSYS：该功能用来设置模具坐标系统，模具坐标系统主要用来设定分模面和拔模方向，并提供默认定位功能。

（4）收缩率：指因液态塑料凝固为固态塑料制品而产生收缩，用于补偿零件收缩的一个比例因子。

（5）工件：该功能用于定义型腔和型芯的毛坯体。

（6）型腔布局：用于布局同一个模具中安放的多个零件，以合理地安排一模多件。

（7）注塑模工具：为了简化分模的过程，改变型芯、型腔的结构，用于修补各种孔、槽以及修剪补块的方法。

（8）分型：指把毛坯分割成为型芯、型腔的过程，其中包括创建分型线、分型面、型芯和型腔等。

（9）模架：用来安放和固定模具的安装架，并把模具系统固定在注塑机上。

（10）标准件：指模具设计中，用于固定、导向等标准的器件，如螺钉、导向柱、电极和定位环等。

（11）推杆：即顶杆，用于分型时将凝固好的零件体从体腔中顶出。

（12）滑块和浮升销：即滑块抽芯，零件中在出模方向的侧面有时会有凸出和凹入的部分，该部分不能通过拔模生成，因此需要临时添加一滑块，在分模前将滑块抽出，以形成相应的型面，然后再顺利拔模。

（13）镶块：零件上的默认特征形状在正常分模后会导致模具加工困难，通过加入镶块减小模具型面的复杂程度，降低加工模具的成本。

（14）浇口：是材料流入凹模和凸模形成的成型腔通道。

（15）流道：融化的材料利用流道通过毛坯到达浇口并进入零件成型腔。

（16）冷却：提供冷却系统的设计，冷却系统的作用是防止模具受热变形，影响零件的设计精度，同时也可以使零件快速冷却。

（17）电极：一些复杂型腔和型芯需采用特种加工，如电火花加工，这就需要为它们在毛坯上设计电极。

（18）修剪模具组件：用于修剪镶块、电极和标准件以形成型芯或型腔的局部形状。

（19）腔体：有时需要在模具上安装标准件，这就需要为放置的标准件在模具上预留空间，型腔设计工具提供了该功能。

（20）物料清单：给出了用于模具系统装配相关的零件列表。

（21）装配图纸：该功能用于自动创建模具的装配图。

（22）铸模工艺助理：该功能可以修改式样及型芯盒的模型和工具特征，以用于创建浇铸和工具设计。

（23）视图管理器：用于控制装配结构部件在屏幕上的显示。

（24）删除文件：用于删除模具项目中不再被使用的部件文件。

7.1.2　UG NX 模具设计的基本过程

注塑模向导模块的设计过程遵循了模具设计的一般规律，其过程是：分步选择【注塑模向导】工具栏的各个选项，进入其所对应的设计对话框，在对话框中选择相关设计步骤，并设置各个零部件的参数，再逐个创建和组装零部件，进而构建模具结构。下面给出采用 UG NX MoldWizard 进行模具设计的一般过程，如图 7-2 所示。

1. 加载产品和项目初始化

加载产品和项目初始化是使用注塑模向导进行设计的第一步，在初始化过程中，MoldWizard 将自动产生组成模具必需的标准元素，并生成默认装配结构的一组零件图文件。其操作流程如下：单击【注塑模向导】工具栏中的【初始化项目】按钮，弹出如图 7-3 所示的【打开】对话框，选中要加载的产品，单击【OK】按钮即可弹出【初始化项目】对话框，如图 7-4 所示，单击【确定】按钮，即可把该产品的三维实体模型加载到模具装配结构中。

2. 定义模具坐标系

模具设计需要确定模具的分模面和顶出方向，这是由模具坐标系的位置和方位确定的。注塑模向导模块规定 XC-YC 平面为模具装配的主分型面，坐标原点位于模架的动、定模接触面的中心，+ZC 方向为顶出方向。因此定义模具坐标系必须考虑产品的形状。

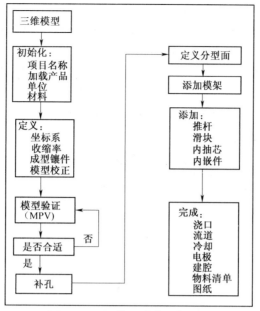

图 7-2 UG 模具设计基本过程

图 7-3 打开对话框

图 7-4 初始化项目对话框

模具坐标系功能就是把当前产品装配体的工作坐标系原点平移到模具绝对坐标原点上，使绝对坐标原点在分模面上。

具体应用时应先用主菜单上的 WCS 菜单来重新定位产生零件的坐标，然后把坐标从坐标原点移到分模面上，然后单击【注塑模向导】工具栏中的【模具 CSYS】按钮，弹出如图 7-5 所示的【模具 CSYS】对话框，单击【确定】按钮，产品装配体工作坐标原点将平移到模具绝对坐标原点。

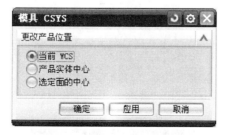

图 7-5 【模具 CSYS】对话框

3. 编辑收缩率

塑件一般在冷却定型后其尺寸会小于相应部位的模具尺寸，所以设计模具时，必须把塑件的收缩率补偿到模具的相应尺寸中去，以得到符合尺寸要求的塑件。收缩率一般以 1/1000 为单位或以百分率表示，收缩率的大小因材料的性质、填充料或强化材料的比例而改变，同一型号的材料也会因成型工艺的不同而引起收缩率发生改变。

单击【注塑模向导】工具栏中的【收缩率】按钮，弹出如图 7-6 所示的【缩放体】对话框，选择合适的收缩率类型和数值即可。

图 7-6 【缩放体】对话框

4. 设定工件

工件是用来生成模具型腔和型芯的毛坯实体，所以其尺寸在零件外形尺寸的基础上各方向都增加了一部分尺寸。

单击【注塑模向导】工具栏中的【工件】按钮，弹出如图 7-7 所示的【工件】对话框，可以在其中设置所选毛坯的尺寸。

图 7-7 【工件】对话框

5. 型腔布局

型腔布局工具主要运用在"一模多腔"模具的自动布局上,如果同一个产品需要进行多腔排列,只需一次载入产品模型即可。单击【注塑模向导】工具栏中的【型腔布局】按钮,弹出如图7-8所示的【型腔布局】对话框,在对话框中可以实现以下功能:

(1)型腔排列方式的设置。
(2)型腔数目的设置。
(3)型腔的定位。

图7-8 【型腔布局】对话框

6. 分型

分型是基于塑料产品模型对毛坯工件进行的加工分模,进而创建型腔和型芯的过程。单击【注塑模向导】工具栏中的【分型】按钮,弹出如图7-9所示的【分型导航器】对话框,在对话框中可以实现以下功能:

图7-9 【分型导航器】对话框

项目7 UG NX 注塑模具设计 | 165

(1) 创建分型线。
(2) 创建分型线到工件外沿之间的片体。
(3) 创建修补简单开放孔的片体。
(4) 识别产品的型腔面和型芯面。
(5) 创建模具的型腔和型芯。
(6) 编辑分型线,重新设计模具。

7. 设置模架

模架是实现型腔和型芯的装夹、顶出和分离的机构,其结构、形状及尺寸都已经标准化和系列化,也可对模架库进行扩展以满足特殊需要。

单击【注塑模向导】工具栏中的【模架】按钮,弹出如图 7-10 所示的【模架设计】对话框,在对话框中可以实现以下功能:

(1) 登记模架模型到 MoldWizard 库中。
(2) 登记模架数据文件来控制模架的配置及尺寸。
(3) 复制模架模型到 MoldWizard 工程中。
(4) 编辑模架的配置和尺寸。
(5) 移除模架。

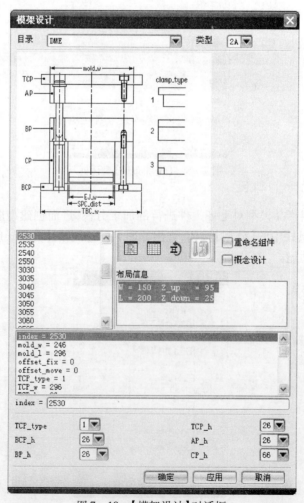

图 7-10 【模架设计】对话框

8. 标准件管理

注塑模向导模块将模具中常用的标准组件(如螺钉、顶杆、浇口套等)组成标准件库,用来进行标准件管理的安装和配置。也可以自定义标准件库来匹配公司的标准件设计,并扩展到库中以包含所有的组件或装配。

单击【注塑模向导】工具栏中的【标准件】按钮,弹出如图 7-11 所示的【标准件管理】对话框,在对话框中可以实现以下功能:

(1) 组织和显示目录及组件选择的库登记系统。
(2) 复制、重命名及添加组件到模具装配中的安装功能。
(3) 确定组件在模具装配中的方向、位置或匹配标准件的功能。
(4) 允许选项驱动的参数选择的数据库驱动配置系统。
(5) 移除组件。
(6) 定义部件列表数据和组件识别的部件属性功能。
(7) 链接组件和模架之间参数的表达式系统。

图 7-11 【标准件管理】对话框

任务一：肥皂盒模具设计

7.2.1 任务描述

根据所给的 part 零件"feizaohe"，如图 7-12 所示，设计一副注塑模具。塑件材料为 PVC，要求一模四腔。

图 7-12 肥皂盒塑件

7.2.2 任务分析

该零件结构比较简单，注塑模具采用两板模具。分型前需要对中间 4 个方孔进行补片。选择轮廓最大的凸缘中线作为分型线，平面分型面。采用侧浇口进料，一模四腔，顶杆顶出，模具 2D 排位结构图如图 7-13 所示。

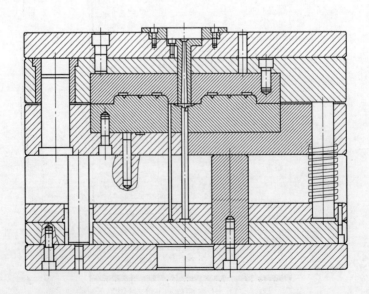

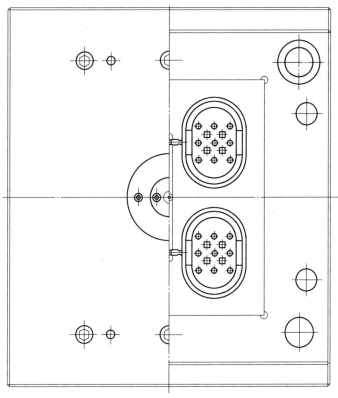

图 7-13 肥皂盒模具结构图

7.2.3 设计步骤

1. 步骤 1:准备模具设计文件夹

将数据库中,CH7\7.2\feizaohe.part 复制到 D:\UG_FILES\mold01\feizaohe.part。这样以下设计模具的文件都放在 mold01 文件夹内。如果由于软件版本问题打不开文件,可以用另外一个 .x_t 文件转换。

2. 步骤 2:启动 UG NX8.0,调出【注塑模向导】工具条

启动 UG NX8.0,将光标放在"工具条"位置,单击鼠标右键,弹出快捷菜单,在"应用模块"前打勾,系统显示出【应用模块】工具条,如图 7-14 所示。单击【注塑模向导】,弹出注塑模向导工具条如图 7-15 所示。

图 7-14 【应用模块】工具条

图 7-15 【注塑模向导】工具条

3. 步骤 3:加载产品和项目初始化

单击【初始化项目】,弹出【打开】对话框,选择 D:\UG_FILES\mold01\feizaohe.part,单击【OK】。系统加载产品后弹出【初始化项目】对话框,如图 7-16 所示设定后,单击【确定】。此处的"路径" D:\UG_FILES\mold01 即为以下模具设计的路径。"材料"栏选择"无",因为默认的数据库中没有"PVC"材料,所以后面采用"收缩率"功能直接设置。当然,也可以单击"设置"→"编辑材料数据库",弹出 EXCEL 文件,在文件中添加常用的材料和收缩率。确定后,系统经过一定时间的加载,完成项目初始化。文件标题变为"feizaohe_top_000",单击装配导航器,如图 7-17 所示,说明系统已经加载了一个固定的装配结构。

图 7-16　初始化项目

图 7-17　初始化后的装配结构

4. 步骤 4:设定模具坐标系和收缩率

单击【模具坐标系】，弹出如图 7-18 所示的【模具 CSYS】对话框,选择"当前 WCS",单击【确定】。此处要注意:首先要观察零件 WCS 的 Z 轴方向与模具开模方向是否一致,如果不一致需要将坐标系变换,然后再确定模具坐标系。单击【收缩率】图标，弹出如图 7-19 所示【缩放体】对话框,"类型"选择"均匀","比例因子"输入"1.005",【确定】。系统通过缩放功能再生了一个复制件,颜色和原来的工件有区别。

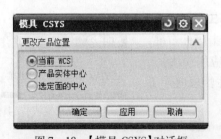

图 7-18　【模具 CSYS】对话框

图 7-19　【缩放体】对话框

5. 步骤 5:创建工件和布局

单击"注塑模向导"工具栏中【工件】按钮，系统弹出如图 7-20 所示的【工件】对话框,"类型"选择"产品工件","工件方法"选用"用户定义的块",采用默认尺寸设置,单击【确定】,系统生成如图 7-21 所示的工件。

单击【注塑模向导】工具栏中【型腔布局】按钮，系统弹出如图 7-22 所示的【型腔布局】对话框,"布局类型"选择"矩形","型腔数"选择"4","第一距离""第二距离"都选择"0",单击【开始布局】,并单击【自动对准中心】,形成如图 7-23 所示的布局形式。

图7-20 【工件】对话框

图7-21 系统自动生成的工件

图7-22 【型腔布局】对话框

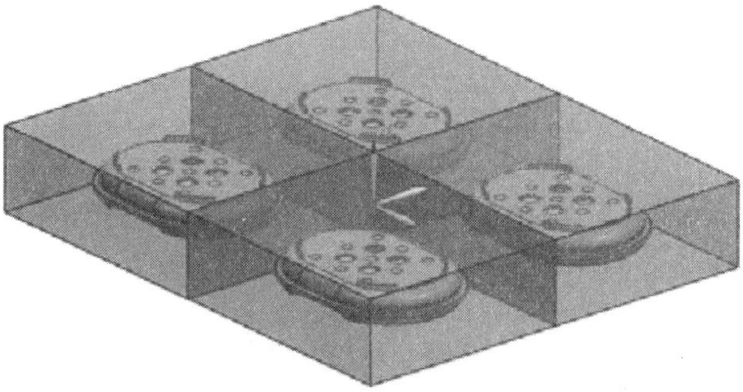

图7-23 布局结果

6. 步骤6：分型设计

1）补片

单击【注塑模向导】工具栏中【模具分型工具】按钮，系统弹出如图7-24所示的【模具分型工具】工具条，同时弹出如图7-25所示【分型导航器】对话框。

图 7-24 模具分型工具

单击【模具分型工具】中的【曲面补片】工具图标，系统弹出图 7-26 所示【边缘修补】对话框,"类型"选择"体",在视图中选择产品实体,在对话框"列表"中出现"环1,环2,环3,环4",产品上看到中间4个方孔的中间轮廓线被选中如图 7-27,单击【确定】,补片完成,结果如图 7-28 所示。

图 7-25 分型导航器

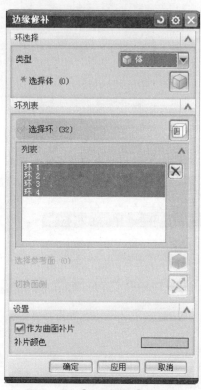

图 7-26 【边缘修补】对话框

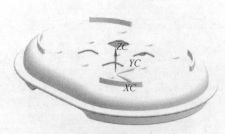

图 7-27 自动选择的补片边缘

图 7-28 补片结果

2) 设计分型面

单击【注塑模具向导】中的【注塑模工具】工具图标，弹出【注塑模工具】条,单击【拆分面】工具，系统弹出如图 7-29 所示的【拆分面】对话框,"类型"选择"平面/面","要分割的面"选择如图 7-30 所示的四周环形面,"分割对象"选择 XOY 基准平面,单击确定,环形面即被分割。

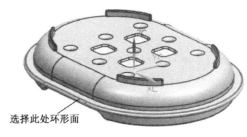

图7-29 【拆分面】对话框　　　　　　图7-30 选择要拆分的面

单击【模具分型工具】中的【设计分型面】工具图标，系统弹出如图7-31所示的【设计分型面】对话框，单击"选择分型线"，并在视图中选取上一步分割面形成的轮廓线，单击【应用】，弹出分型面的创建方法对话框如图7-32所示，系统默认选择"有界平面"，将"分型面长度"改成"150"，【确定】，生成如图7-33所示的分型面。

图7-31 【设计分型面】对话框　　　　图7-32 设计分型面创建方法对话框

项目7 UG NX 注塑模具设计 | 173

图7-33 分型面

3）定义区域

单击【模具分型工具】中的【定义区域】工具图标，弹出如图7-34的【定义区域】对话框，选择"型腔区域"，单击【搜索区域】，弹出图7-35【搜索区域】对话框，选择如图7-36所示顶面，单击【确定】，系统自动选定所有型腔面，在图7-34所示的【定义区域】对话框中，"型腔区域"数量显示为"132"，同时视图中产品上的型腔区域颜色都做了变换。继续选择"型芯区域"，单击【搜索区域】，选择另一面任意表面作为种子面，【确定】，形成型芯区域，数量为"92"，如图7-37所示。此处型腔区域数量与型芯区域数量之和正好是所有面的数量。区域定义完成，产品型腔和型芯部分自动用不同颜色做了区分如图7-38所示。

图7-34 【定义区域】对话框

图7-35 【搜索区域】对话框

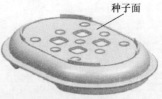

图7-36 选择种子面

4）创建型腔和型芯

单击【模具分型工具】中的【定义型腔和型芯】工具图标，弹出如图7-39所示的【定义型腔和型芯】对话框，单击【所有区域】，再单击【确定】，系统自动生成型腔和型芯如图7-40所示。

7. 步骤7：添加模架

单击菜单【窗口】选择"feizaohe_top_000"为当前文件。单击【注塑模向导】工具栏中的【模架库】，系统弹出【模架设计】对话框，如图7-41所示。"目录"选择"LKM_SG"龙记大水口系统模架，尺寸选择"4545"，"AP_h"为"60"，"BP_h"为"70"，"CP_h"为"120"，"model_

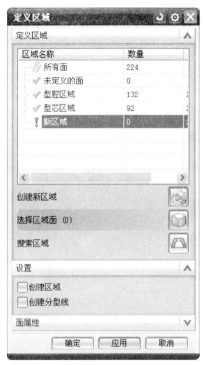

图7-37 完成定义区域

图7-38 型腔、型芯区域

图7-39 定义型腔和型芯

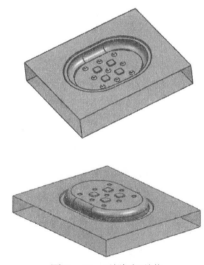

图7-40 型腔和型芯

type"为"I"其余默认。单击【确定】后,系统加载模架,结果如图7-42所示。

8. 步骤8:加载标准件

1)添加定位圈和浇口套

单击【注塑模向导】工具栏中的【标准部件库】按钮,系统弹出【标准件管理】对话框如图7-43所示。选择"FUTABA_MM"文件夹下"Locating Ring …"(定位圈),选择型号"Type"为"M_LRG TYPE 1"如图7-44所示,修改尺寸"外径"为"120","内径"为"50","厚度"为"15",其他默认,如图7-45所示,单击【应用】。

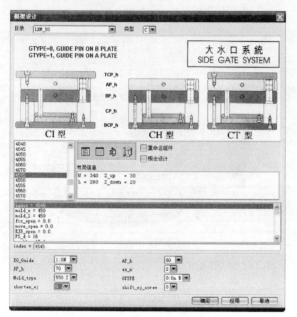

图 7-41 模架设计

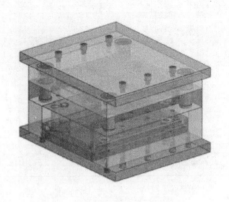

图 7-42 加载模架

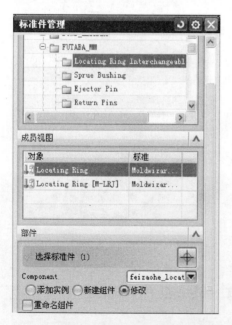

图 7-43 标准件管理

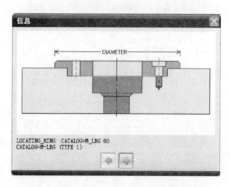

图 7-44 定位圈类型

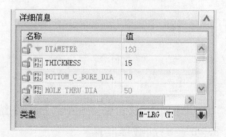

图 7-45 定位圈尺寸

继续选择【标准件管理】对话框中的"FUTABA_MM"文件下"Sprue Bushing"(浇口套),如图 7-46 所示。

继续选择"FUTABA_MM"文件夹下"Sprue Bushing"(浇口套),选择目录"CATALOG"为

176 | 模具 CAD/CAM(UG)

"M-SBA"如图7-47所示,修改尺寸,直径"CATALOG_DIA"为"20",头部直径"HEAD_DIA"为"50",长度"CATALOG_LENGTH"为"95",锥度"TAPER"为"1",其他默认,如图7-48所示,单击【应用】。完成定位圈与浇口套的添加,结果如图7-49所示。

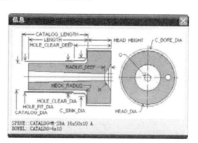

图7-47 浇口套类型

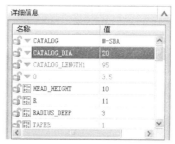

图7-46 加载浇口套

图7-48 浇口套尺寸

2) 添加顶杆和拉料杆

继续选择【标准件管理】对话框中的"FUTABA_MM"文件夹下"Ejector pin"(顶杆),如图7-50所示。

继续选择"FUTABA_MM"文件夹下"Ejector Pin"(顶杆),选择目录"CATALOG"为"E-EJ"如图7-51所示,修改尺寸,直径"CATALOG_DIA"为"3.5",长度"CATALOG_LENGTH"为"200",其他尺寸默认,"位置"选择"POINT",如图7-52所示,单击【应用】。系统弹出"点工具",观察视图中有一个型腔、型芯是激活的,其他三腔都是灰色的,在激活的一腔中选择顶杆位置,如图7-53所示,这样就加载了24根顶杆。

继续选择"FUTABA_MM"文件夹下"Return Pins",选

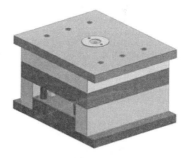

图7-49

择目录"CATALOG"为"E-EJ",修改尺寸,直径"CATALOG_DIA"为"8",长度"CATALOG_LENGTH"为"160",其他尺寸为默认,"位置"选择"POINT",单击【应用】。系统弹出"点工具",在Xc和Yc中都输入"0",单击【确定】,系统就添加了一根拉料杆。

单击【注塑模向导】工具栏中的【修剪顶杆】图标,系统弹出如图7-54的【顶杆后处理】对话框,选择激活的型芯、型腔一腔中的6根顶杆,单击【确定】,系统自动将顶杆修剪到型芯表面。

选择视图中的"拉料杆",单击鼠标右键,在快捷菜单中选择"设为显示部件",系统就自动转到拉料杆建模文件中,单击【图层设置】图标,将"60"层打开,文件中原有的基准平面显示出来。单击【插入】→【在任务中创建草图】,选择XOY平面为绘图平面,在"设置"栏中将"创

建中间基准 CSYS"勾选,单击"平面方法"下的"反向",单击【确定】。绘制如图 7-56 所示草图。退出草图,单击【拉伸】,选择草图,对称拉伸并布尔"求差",切割拉料杆如图 7-57 所示。单击【窗口】→"feizaohe_top_000",回到总装配文件。

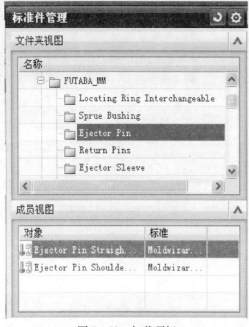

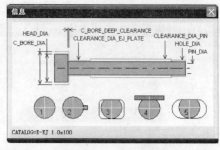

图 7-51 顶杆类型

图 7-50 加载顶杆

图 7-52 顶杆尺寸

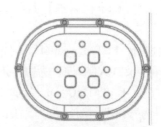

图 7-53 顶杆位置

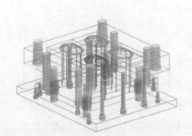

图 7-54 顶杆后处理

图 7-55 顶杆修剪

3) 添加支撑柱

单击【注塑模向导】工具栏中的【标准部件库】按钮,系统弹出【标准件管理】对话框如图 7-58 所示。选择"FUTABA_MM"文件夹下"Support","对象"为"Support Pillar(M-S)"(支撑柱),选择目录"CATALOG"为"M-SRB",修改尺寸,直径"SUPPORT_DIA"为"40",长度

178 | 模具 CAD/CAM(UG)

图 7-56 修剪拉料杆草图

图 7-57 切割拉料杆

"LENGTH"为"120",其他尺寸默认,"位置"选择"POINT",单击【应用】。系统弹出"点工具",在 Xc 和 Yc 中都输入"0,100",【确定】,继续在"点工具"中输入"0,-100","100,0","-100,0"依次单击【确定】,系统就添加了 4 根支撑柱,如图 7-61 所示。

图 7-58 标准件管理

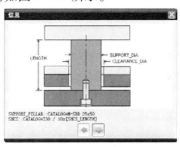
图 7-59 支撑柱类型

图 7-60 支撑柱尺寸

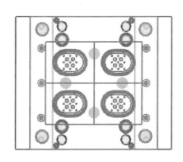
图 7-61 添加支撑柱结果

9. 步骤 9:设计流道和浇口

单击【注塑模向导】工具栏中的【流道】按钮,系统弹出如图 7-62 所示【流道】对话框。"截面类型"选择"圆形","参数"直径设为"8"。单击【草图】图标,弹出如图 7-63 所示【创建草图】对话框,"平面方法"选择"自动判断","设置"选项中勾选"创建中间基准 CSYS",单击

【确定】,进入草图模式。绘制如图 7-64 所示流道草图。单击【完成草图】,系统自动创建了如图 7-65 所示的流道。

图 7-62 【流道】对话框

图 7-63 【创建草图】对话框

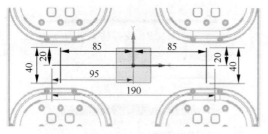

图 7-64 流道草图

图 7-65 创建的流道

单击【注塑模向导】工具栏中的【浇口库】按钮，系统弹出如图 7-66【浇口设计】对话框,选择"平衡"式,"位置"设为"型芯","类型"选择"fan"(扇形浇口),尺寸如图,单击【浇口点表示】,弹出图 7-67 所示【浇口点】对话框,单击【点子功能】,弹出"点工具",选择如图 7-68 所示的"中点"作为浇口定位点,单击【确定】,回到【浇口点】对话框,单击【确定】,回到【浇口设计】对话框,单击【应用】,弹出【点】对话框,并显示所选定位点,单击【确定】,弹出【矢量】对话框,选择"-Y轴",单击【确定】生成如图 7-69 所示的扇形浇口。

10. **步骤 10：合并腔体**

单击【注塑模向导】中的【注塑模工具】,弹出【注塑模工具】条,单击【合并腔】图标，弹出如图 7-70 所示的【合并腔】对话框,将"型芯"(core)合并成如图 7-71 所示的整体,将"型腔"(cavity)合并形成如图 7-72 所示的一个整体。

11. **步骤 11：创建"冷却系统"**

1) 图样通道

在视图中选择合并的型腔(comb_cavity),单击右键,弹出快捷菜单,选择"使成为显示部件"。

单击【基准平面】工具,选择型腔底面,向里偏移 8mm,如图 7-73 所示。

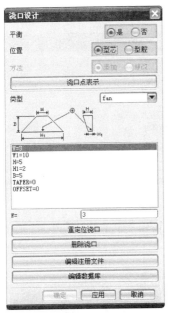

图7-66 浇口设计对话框

图7-67 浇口点对话框

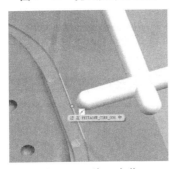

图7-68 浇口定位

图7-69 扇形浇口

图7-70 合并腔对话框

图7-71 合并型芯

图7-72 合并型腔

单击【注塑模向导】工具栏中【模具冷却工具】图标,弹出【模具冷却工具】条,单击【图样通道】,弹出图7-74【图样通道】对话框。"通道直径"为"8",单击【草图】图标,选择图

7-73所示平面为绘图平面,绘制草图如图7-75所示。

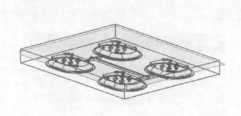

图7-73 创建基准平面

图7-74 图样通道

单击【完成草图】回到【图样通道】对话框,单击【确定】,将"显示模式"改为"局部着色",生成如图7-76所示冷却通道。

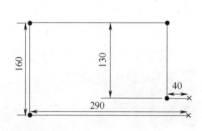

图7-75 图样通道草图

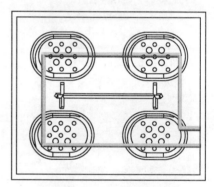

图7-76 冷却通道

2)延伸通道

单击"模具冷却工具"中的【延伸通道】，弹出图7-77所示【延伸通道】对话框,选择每个需要延伸的通道,再确定延伸距离,或者实体边界,如图7-78所示。

图7-77 延伸通道对话框

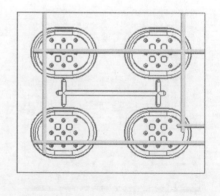

图7-78 延伸通道结果

在装配导航器中,用鼠标左键双击"feizaohe_top_000"文件名,使其作为工作部件。利用

"显示"和"隐藏"功能将视图中显示"型腔"和"型腔固定板"如图 7-79 所示,其余零件都隐藏。

在视图中选择"型腔",单击鼠标右键,选择"设为工作部件"。单击【模具冷却工具】中的【延伸通道】,将冷却水道出入口延伸至"型腔固定板"以外,如图 7-80 所示。在装配导航器中,用鼠标左键双击"feizaohe_top_000"文件名,使其作为工作部件。

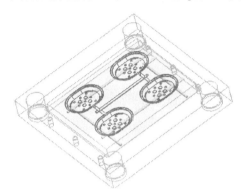
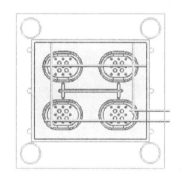

图 7-79　显示型腔固定板　　　　　图 7-80　延伸水道

3) 腔体求差

单击【注塑模向导】中的【腔体】图标,弹出如图 7-81 所示的【腔体】对话框,"目标"选择"型腔"和"型腔固定板","工具体"选择 5 根管道,单击【确定】。单击【图层设置】,将"180"层隐藏,显示求差以后的结果,如图 7-82 所示。

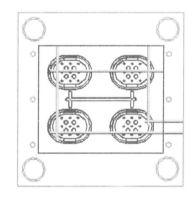

图 7-81　【腔体】对话框　　　　　图 7-82　管道建腔

4) 冷却标准件

单击菜单【格式】→【WCS】→【原点】,将工作坐标设定在入水口,并旋转坐标使 Z 轴沿轴线向外,如图 7-83 所示。在【模具冷却工具】工具栏内单击【冷却标准部件库】,弹出如图 7-84 所示【冷却组件设计】对话框。选择"CONNECTOR PLUG"(水嘴),弹出如图 7-85 所示的参考图,"位置"选择"WCS","FLOW DIA"为 8,单击【应用】,水嘴安装完成。用同样的方法在出水口安装水嘴,结果如图 7-86 所示。用同样的方法在如图 7-87 所示的三处位置安装"pipe_plug"(管塞)。

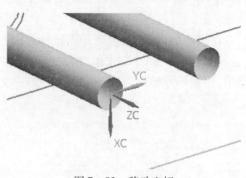

图 7-83 移动坐标

图 7-84 冷却组件设计

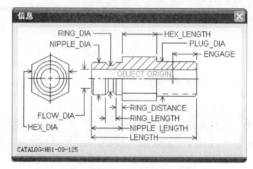

图 7-85 水嘴

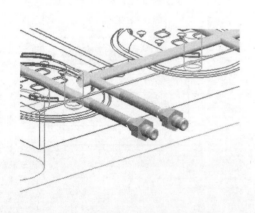

图 7-86 安装水嘴

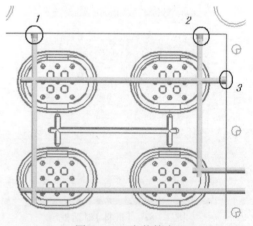

图 7-87 安装管塞

在"型腔"和"型腔固定板"之间安装"O-Ring"(密封圈)。单击菜单【格式】→【WCS】→【原点】,将坐标原点移动至如图 7-88 所示位置,并旋转坐标轴,让 Z 轴沿轴线。

在【模具冷却工具】工具栏内单击【冷却标准部件库】,弹出如图 7-84【冷却组件设计】对话框。"成员"选择"O-Ring","位置"选择"WCS",修改尺寸"GROOVE_ID"为"12""GROOVE_OD"为"15",单击【应用】。用同样的方法加载出水口密封圈,结果如图 7-89所示。

用同样的方法创建动模板冷却系统。

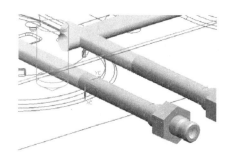

图 7-88　确定坐标

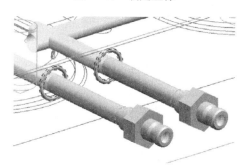

图 7-89　安装密封圈

12. 步骤 12：建腔

单击【注塑模具向导】工具中【腔体】图标，弹出如图 7-90 所示【腔体】对话框，"目标"选择"定模座板"，工具选择"浇口套"和"定位圈"，单击【应用】，结果如图 7-91 所示。

图 7-90　腔体对话框

图 7-91　定模座板"建腔"结果

用同样的方法将其他零件——建构腔体，结果完成肥皂盒注塑模具设计。整副模具结构如图 7-92 所示。

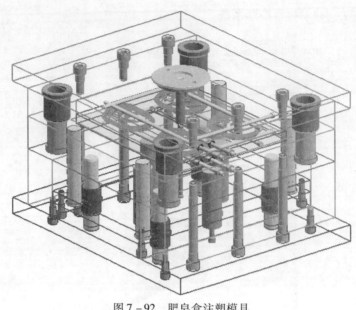

图7-92 肥皂盒注塑模具

任务二：仪表盒注塑模具设计

7.3.1 任务描述

根据所给的 part 零件"yibiaohe"，如图7-93所示，设计一副注塑模具。塑件材料为 ABS，要求一模二腔。

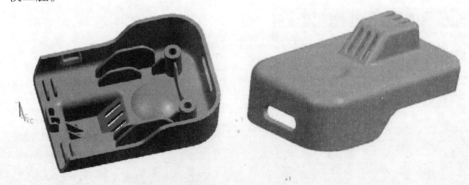

图7-93 仪表盒塑件

7.3.2 任务分析

该零件与范例一肥皂盒的主要区别在于：
(1) 顶面上的孔不规则，补片复杂一些；
(2) 侧面有孔，需要补片，并需要设计抽芯机构；
(3) 内侧面有倒钩，需要设计斜顶机构。

采用侧浇口进料，一模二腔，顶杆顶出，模具2D排位结构图如图7-94所示。供三维设计时参考。

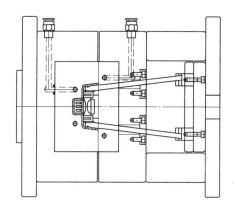

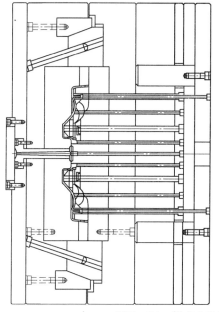
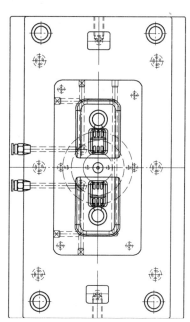

图 7 - 94　仪表盒注塑模具 2D 排位结构图

7.3.3　设计步骤

说明：由于本书篇幅有限，本范例仅对"分型设计"、"抽芯设计"、"斜顶设计"做详细介绍，其余步骤和上一范例基本一致，不再赘述。

1. 步骤 1：准备模具设计文件夹

将数据库中，CH7\7.3\yibiaohe.part 复制到 D:\UG_FILES\mold02\yibiaohe.part。这样以下设计模具的文件都放在 mold02 文件夹内。如果由于软件版本问题打不开文件，可以用另外一个 .x_t 文件转换。

2. 步骤 2：启动 UG NX8.0，调出【注塑模向导】工具条

3. 步骤 3：加载产品和项目初始化

4. 步骤 4：设定模具坐标系以及收缩率

5. 步骤 5：创建工件并布局（图 7 - 95）

项目 7　UG NX 注塑模具设计 | 187

6. 步骤 6：分型设计

1）单击"注塑模向导"中的【模具分型工具】图标，弹出【模具分型工具条】，进入"yibiaogai_parting_022.part"。

2）补片

单击【模具分型工具】中的【补片】图标，弹出【边缘修补】对话框。"类型"选择"面"，选择如图 7-96 所示的左边内侧面，单击【应用】，在选择右边 3 个孔的内表面，单击【应用】，生成如图片体。

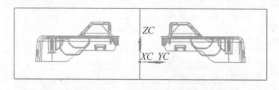

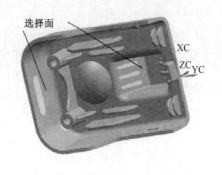

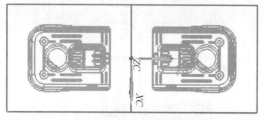

图 7-95　型腔布局　　　　　　　　　图 7-96　平面补片

将【边缘修补】对话框中的【类型】改为【移刀】，将【设置】中的【按面的颜色遍历】前的勾去掉，如图 7-97 所示。在塑件上选择如图 7-98 所示的边缘（选择其中一条线段后，系统会自动引导相连的下一条线段，单击【分段】中的 即为确认图中的引导段，直至封闭），单击【应用】，用同样的方法创建另外两个，生成结果如图 7-99 所示片体。

图 7-98　选择边缘

图 7-97　边缘补片　　　　　　　　　图 7-99　完成补片

3）型线分型面

单击【模具分型工具】中的【设计分型面】图标，弹出【设计分型面】对话框，单击【编辑分型线】中的【选择分型线】后，选择如图 7-100 所示轮廓线。单击【编辑分型段】中的【选择分型或引导线】,选择如图7-101所示两处分型段,注意引导线箭头方向。

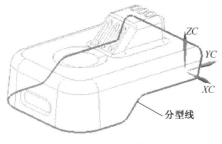

图7-100 选择分型线

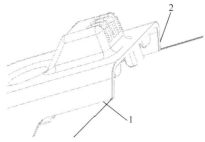

图7-101 选择引导线

单击【选择过渡曲线】,选取如图7-102所示两处圆弧为过渡曲线,单击【应用】,进入分型面设计步骤。在"分型段"栏内可以看到,整个分型线被分为四段。系统自动进入第一段的分型面创建,接受系统默认的"拉伸"创建方法,单击【应用】,生成第一段分型面,如图7-103所示,系统自动进入第二段创建,单击【应用】生成第二段分型面,同时自动将两段过渡连接起来,如图7-104所示。依次【应用】,最后完成整个分型面的创建,结果如图7-105所示。

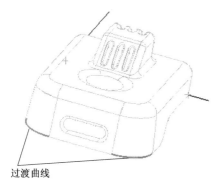

图7-102 选择过渡曲线

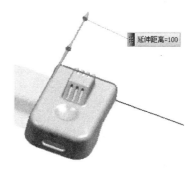

图7-103 拉伸创建第一段分型面

图7-104 创建第二段分型面

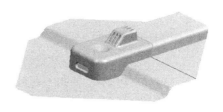

图7-105 分型面

4) 定义区域

单击【模具分型工具】中的【定义区域】图标,弹出如图7-106【定义区域】对话框。选择【型腔区域】,单击【搜索区域】图标,弹出【搜索区域】对话框,选择塑件外表面的任一表面作为"种子面",单击【确定】。再选择【型芯区域】,单击【搜索区域】,选择塑件内表面任一面作为"种子面",单击【确定】,回到【定义区域】对话框。在区域列表中,我们可以发现,"型腔区域"后的数量为"110","型芯区域"后的数量为"475"。勾选"设置"中的"创建区域"单击【确定】。

5）创建型芯、型腔

单击【模具分型工具】中的【定义型腔和型芯】图标，弹出如图7-107所示【定义型腔和型芯】对话框，选择"所有区域"，单击【确定】，系统自动创建了型芯、型腔。单击菜单【窗口】，弹出系统中的文件目录，选择"yibiaohe_core_xxx. prt"，显示出如图7-108所示的型芯镶块。选择"yibiaohe_cavity_xxx. prt"，显示出如图7-109所示的型腔镶块。

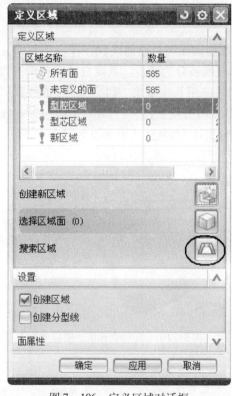 

图7-106　定义区域对话框　　　　　　图7-107　定义型腔和型芯对话框

7. 步骤7：加载模架

单击【模架库】，弹出【模架设计】对话框，选择目录"LKM_SG"，类型选择"C"，尺寸规格"3050"，"AP_h"为"100"，"BP_h"为"80"，"CP_h"为"100"，其余尺寸不变，单击【确定】，加载模架如图7-110所示。

8. 步骤8：设计侧抽芯

从"装配导航器"中将"yibiaohe_moldbase_mm_xxx"隐藏。

单击【格式】→【WCS】→【原点】，弹出【点工具】，将坐标移动到型腔镶块左侧底边中点，如图7-111所示位置，并确保Y轴指向平面。

单击【注塑模向导】工具条中的【滑块和浮升销设计】图标，弹出图7-112所示对话框，选择"slide"中的"slide5"结构如图7-113所示。

在"详细信息"中修改尺寸如图7-114和图7-115后，单击【确定】，生成如图7-116所示滑块组件。

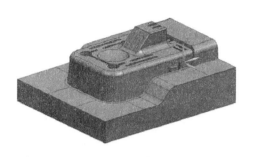
图 7-108　型芯镶块

图 7-109　型腔镶块

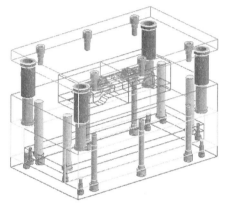
图 7-110　加载模架

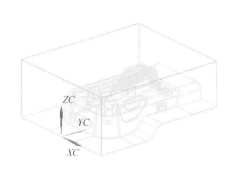
图 7-111　移动坐标

图 7-112　滑块和浮升销设计对话框

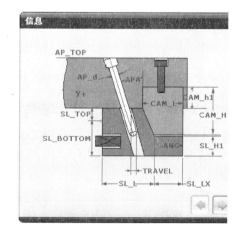
图 7-113　slide5 结构信息

选择"滑块体"—"yibiaohe_slide_xxx",单击鼠标右键,弹出快捷菜单,选择【设为工作部件】,单击【装配】工具条中的【WAVE 几何链接器】,弹出【几何链接器】对话框,选择"型腔"

实体,单击【确定】。选择"滑块体"单击鼠标右键,选择【设为显示部件】,结果如图 7－117 所示。

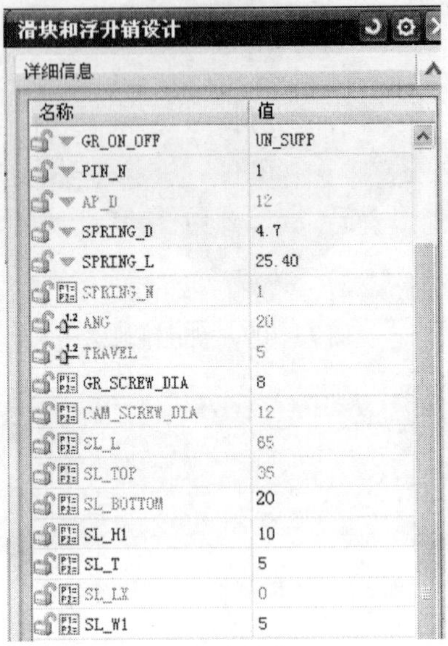

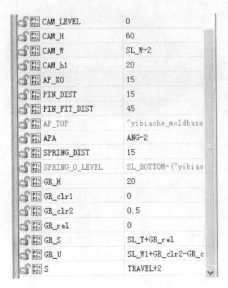

图 7－114 抽芯机构尺寸 1

图 7－115 抽芯机构尺寸 2

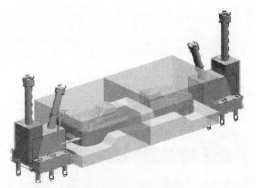

图 7－116 加载滑块组件

图 7－117 滑块体变为"显示部件"

选择菜单【插入】→【在任务环境下创建草图】,选择滑块与型腔的连接面作为草图平面,【确定】进入草图环境。单击【投影曲线】命令,选择如图 7－118 所示 4 条曲线。利用【直线】和【修剪】命令,最后形成如图 7－119 所示草图,并完成退出草图。

单击【拉伸】工具,选择图 7－119 所示草图,拉伸"设置"中"体类型"选择"片体",拉伸结果如图 7－120 所示。

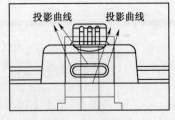

图 7－118 投影曲线

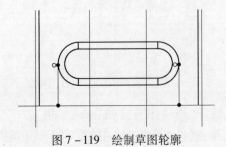

图 7－119 绘制草图轮廓

单击【求差】工具,选择"链接的型腔"为目标体,选择"拉伸的片体"为工具体,单击【确定】。

单击【去除参数】,框选所有特征,单击【确定】。删除多余实体,留下如图7-121所示的"滑块"和"活动型芯",并进行"布尔求和"。

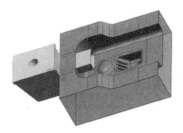 

图7-120　拉伸片体结果　　　　　　　　图7-121　滑块头

完成滑块头的创建后,单击"窗口",勾选"yibiaohe_top_000",回到装配文件。

9. 步骤9:设计内抽芯

利用"隐藏"工具,让图面仅显示"型芯"零件。

单击【坐标原点】,利用捕捉工具将坐标移动至如图7-122所示位置;单击【格式】→【WCS】→【旋转坐标】,将坐标旋转成Y轴向外,如图7-122所示。

单击"注塑模工具"中的【滑块和浮生销】,"名称"选择"lifter","对象"选择"dowel lifter","放置"中的"位置"选择"WCS_XY",结构信息如图7-123所示,尺寸信息如图7-124所示。单击【确定】,在视图中加载完成"内抽芯"机构如图7-125所示。

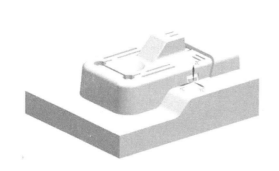 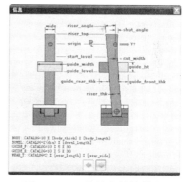

图7-122　设定坐标　　　　　　　　图7-123　内抽芯结构信息

选择"斜滑块"作为"工作部件",将塑件链接到斜滑块文件,然后双击"装配导航器"中的"yibiaohe_top_000"回到装配文件。选择"斜滑块"单击鼠标右键,选择"成为显示部件",结果如图7-126所示。

单击【偏置面】工具,选择"斜滑块"顶面,距离超出塑件表面如图7-127所示。

单击【求差】,选择目标体为"斜滑块",工具体为"塑件",选择"保留工具体",单击【确定】。

单击【去除参数】,框选所有特征,单击【确定】。删除塑件外多余实体,留下如图7-128所示的"斜滑块"和"塑件"。

单击【分割实体】,选择"目标"为"斜滑块","平面"选择如图7-129所示的塑件内表面,单击【确定】。

项目7　UG NX 注塑模具设计　｜　193

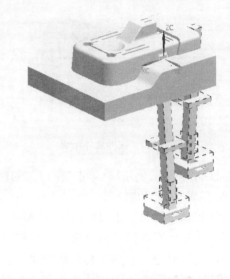

图 7 – 124　尺寸信息　　　　　　　　　　图 7 – 125　内抽芯机构

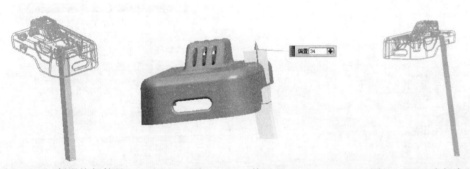

图 7 – 126　斜滑块部件　　　　图 7 – 127　偏置面　　　　图 7 – 128　头部求差

单击【去除参数】，框选所有特征，单击【确定】。删除塑件外多余实体，创建如图 7 – 130 所示的"斜滑块"头部。

单击菜单【窗口】，勾选"yibiaohe_top_000"，回到装配文件。

单击【装配工具条】中的【镜像装配】，弹出如图 7 – 131 所示的【镜像装配向导】，单击【下一步】，在装配导航器中选择两处"yibiaohe_lift_xxx"，单击【下一步】，选择总装配的对称中心平面，单击【确定】生成如图 7 – 132 所示结果。

该模具其余设计步骤如下：加载定位圈、浇口套；设计浇注系统；设计冷却系统；设计顶杆；建腔等都与本章任务一类似，由于本书篇幅有限在此不再赘述，由读者可以参看数据库中的完成文件自行完成。

图 7 – 129　头部分割

图 7 – 130　"斜滑块"头部

图 7 – 131　镜像装配向导对话框

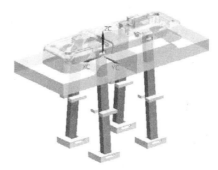

图 7 – 132　镜像结果

拓 展 练 习

1. 根据数据库 CH7 \ 拓展练习中提供的产品文件设计模具，塑件材料、模具结构自行确定，如果由于软件版本问题打不开文件，可以用另外一个 .x_t 文件转换。

图1　手机盖

图2　鼠标上盖

图3　鼠标底座

图4　名片盒

图 5 游戏机面板

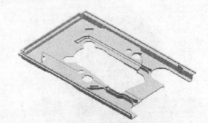
图 6 底壳

图 7 MPA 面板

图 8 电器盖

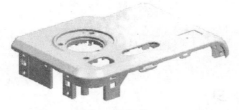
图 9 相机盖

图 10 充电器下盖

项目 8 UG NX 数控加工

本项目主要内容介绍:
1. UG NX 数控加工基础
2. 任务一:简易模具零件编程
3. 任务二:塑料瓶前模编程
4. 拓展练习

8.1 UG NX 数控加工基础

8.1.1 UG CAM 概述

众所周知,UG 是当今世界上的高端 CAD/CAE/CAM 软件,其各大功能高度集成。UG CAM 是 UG 软件的计算机辅助制造模块,与 UG CAD 模块紧密集成在一起。一方面,UG CAM 模块的功能强大,可以实现对复杂零件和特殊零件的加工;另一方面,对用户而言,UG CAM 又是一个易于使用的编程工具。因此,UG CAM 是相关企业和工程师的首选,特别是已经把 UG CAD 当作设计工具的企业,更把 UG CAM 作为最佳的编程工具。

计算机辅助制造(Computer Aided Manufacturing,CAM)即借助计算机强大的计算功能,针对特定的工件特征及轮廓进行分析,以自动产生可加工特定工件的数控机床 NC 程序。就一般的机械零件而言,若其工件特征为简单形式,则数控机床的程编人员可以人工方式编写相应的 NC 程序,但若工件特征相当复杂,其 NC 程序的编写则非人工方式所能完成,此时唯有借助计算机的辅助及相关计算原理,自动产生 NC 程序。由于计算机可自动绘制出刀具中心运动轨迹,编程人员可及时检查程序是否正确,需要时可及时修改,以获得正确的程序。又由于计算机自动编程代替程序编制人员完成了繁琐的数值计算,可提高编程效率几十倍乃至上百倍,因此解决了手工编程无法解决的许多复杂零件的编程难题。因而,自动编程的特点就在于编程工作效率高,可解决复杂形状零件的编程难题。

UG CAM 加工编程可分成数控孔加工、数控车加工、数控铣削加工、数控线切割加工等。

1. 数控孔加工

数控孔加工可分为点位加工和基于特征的孔加工两种。点位加工用来创建钻孔、扩孔、镗孔和攻丝等刀具路径。基于特征的孔加工通过自动判断孔的设计特征信息,自动地对孔进行选取和加工,这就大大缩短了刀轨的生成时间,并使孔加工的流程标准化。

2. 数控车加工

车削加工可以面向二维部件轮廓或者完整的三维实体模型编程,它用来加工轴类和回转体零件,包括粗车、多步骤精车、预钻孔、攻螺纹和镗孔等程序,程序员可以规定诸如进给速度、主轴转速和部件间隙等参数。车削可以由 A、B 轴控制,UG 有很大的机动性,允许在 XY 或者 ZX 的环境中进行卧式、立式或者倒立方向的编程。

3. 数控铣削加工

在铣削加工中,有多种铣削分类方法。根据加工表面形状可分成平面铣和轮廓铣;根据加工过程中机床主轴轴线方向相对于工件是否可以改变,分为固定轴铣和可变轴铣。固定轴铣又分成平面铣、型腔铣和固定轮廓铣;变轴铣可分成可变轮廓铣和顺序铣。

1)平面铣

平面铣用于平面轮廓或平面区域的粗精加工。刀具平行于工件底面进行多层切削,分层面与刀轴垂直,被加工部件的侧壁与分层面垂直。平面铣加工区域根据边界定义,切除各边界投影到底面之间的材料,但不能加工底面以及侧壁上不垂直的部位。

2)型腔铣

型腔铣用于粗加工型腔轮廓或区域。根据型腔形状,将准备切除部位在深度方向上分成多个切削层进行切削,每层切削深度可以不相同。切削时刀轴与切削层平面垂直。型腔铣可用边界、平面、曲线和实体定义要切除的材料(底面可以是曲面),也可以加工侧壁以及底面上与刀轴不垂直的部位。

3)固定轮廓铣

固定轮廓铣用于曲面的半精加工和精加工。该方法将空间上的几何轮廓投影到零件表面上,驱动刀具以固定轴形式加工曲面轮廓,具有多种切削形式和进刀退刀控制,可作螺旋线切削、射线切削和清根切削。

4)可变轮廓铣

可变轮廓铣与固定轮廓铣方法基本相同,只是加工过程中刀轴可以摆动,可满足特殊部位的加工需要。

5)顺序铣

顺序铣用于连续加工一系列相接表面,并对面与面之间的交线进行清根加工,一般用于零件的精加工,可保证相接表面光顺过渡,是一种空间曲线加工方法。

4. 数控线切割加工

线切割加工编程从接线框或者实体模型中产生,实现了两轴和四轴模式下的线切割。这种加工可以实现范围广泛的线操作,包括多次走外形、钼丝反向和区域切除。线切割广泛支持AGIE、Charmilles 及其他加工设备。

本书主要讲述 UG CAM 数控铣削加工的 NC 程式编写方法,并对相关的铣削加工知识进行详细地说明,也适用于三轴加工中心的程序编写。

总之,UG CAM 系统可以提供全面的、易于使用的功能,以解决数控刀轨的生成、加工仿真和加工验证等问题。

8.1.2　UG CAM 的加工模块

1. 加工模块初始化

在进行数控加工操作之前首先需要进入 UG NX8.0 数控加工环境,其操作步骤如下。

1)步骤1:打开加工模型文件

启动 UG NX8.0,单击【文件】→【打开】命令,系统弹出如图 8-1 所示的【打开】对话框,在"查找范围"下拉列表中选择要加工的模型文件,系统打开模型并进入建模环境,如图 8-2 所示。

2)步骤2:进入加工环境

选择下拉菜单【开始】→【加工】命令,系统弹出如图 8-3 所示的【加工环境】对话框,然后在【要创建的 CAM 设置】列表框中选择相应选项,单击【确定】按钮,进入加工环境。

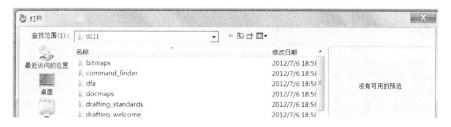

图 8-1　打开对话框

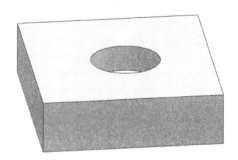

图 8-2　模型文件

图 8-3　加工环境配置

提　示

打开一个部件文件,初次进入加工模块后,将会弹出加工环境对话框,这是产生刀具路径的"必经之路"。要确定"加工环境",先在上列表指定"CAM 会话配置",然后在下列表指定"要创建的 CAM 设置",最后单击"确定"按钮进入下一步,操作步骤如图 8-3 所示。本书仅介绍 UG 软件的适用于三轴铣床或加工中心的数控编程功能,"配置"选项一般选择 cam_general 即可。

2. 工作界面简介

初始化后,工作界面上就增加了一个【工序导航器】和【刀片】、【几何体】、【工件】等工具条,如图8-4所示。【工序导航器】是各加工模块的入口位置,是用户进行交互编程操作的图形界面。【刀片】工具条包括【创建操作】、【创建程序】、【创建刀具】、【创建几何体】和【创建方法】按钮,是进行CAM编程的基础。

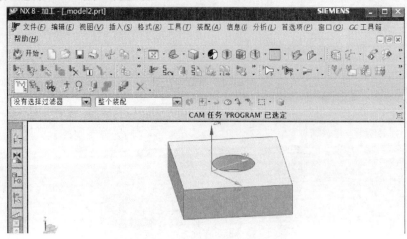

图8-4 CAM工作界面

1) 菜单

菜单包括【刀片】、【工具】、【信息】等,主要是用来创建操作、程序、刀具等的菜单命令,另外还有操作导航工具等,这些菜单如图8-5所示,菜单中主要命令的功能介绍如表8-1所列。

(a) 插入菜单

(b) 信息菜单

(c) 工具菜单

图8-5 主要的菜单

表 8-1　数控加工菜单中主要命令及功能

菜单	主要命令	功能简述
【插入】菜单	操作	创建操作
	程序	创建加工程序节点
	刀具	创建刀具节点
	几何体	创建加工几何节点
	方法	创建加工方法节点
【工具】菜单	操作导航器	针对操作导航工具的各种动作
	加工特征导航器	针对加工特征导航工具的各种动作
	部件材料	为部件指定材料
	CLSF（刀位源文件管理器）	打开【指定 CLSF】对话框
	边界	打开【边界管理器】对话框
	批处理	用批处理的方式进行后处理
【信息】菜单	车间文档	打开【车间文档】对话框

2）工具条

工具条主要包括【导航器】工具条、【刀片】工具条、【操作】工具条和加工【操作】工具条。其中【导航器】工具条主要包含用于决定操作导航工具显示内容的按钮，如图 8-6 所示。

【刀片】工具条主要包含用于创建操作和 4 种加工节点的按钮，如图 8-7 所示。

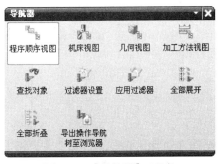

图 8-6　【导航器】工具条

图 8-7　【刀片】工具条

【操作】工具条中的按钮都是针对操作导航工具中的各种对象实施某些动作的按钮，如图 8-8 所示。

图 8-8　【操作】工具条

加工【操作】工具条中包含针对刀轨的路径管理工具，改变操作进给的工具，创建准备几何体工具，输出刀位源文件、后处理和车间文档的工具，如图 8-9 所示。

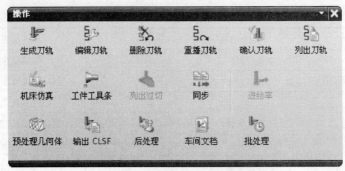

图 8-9 【加工操作】工具条

3) 工序导航器

【导航器】工具条包括【程序顺序视图】、【机床视图】、【几何视图】和【加工方法视图】等按钮。在【导航器】工具条中,单击【程序顺序视图】按钮,再单击【操作导航器】按钮,可以打开如图 8-10 所示的树形窗口。

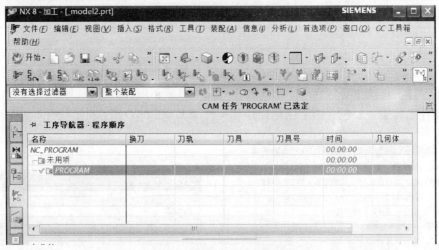

图 8-10 程序顺序视图

该视图用于显示每个操作所属的程序组和每个操作在机床上的执行次序。【换刀】列显示该项操作相对于前一操作是否更换刀具,如换刀则显示刀具。【路径】列显示该项操作的刀具路径是否生成,如生成则显示对钩。【刀具】、【刀具号】、【时间】、【几何体】和【方法】列显示该项操作所使用的刀具、几何体、方法名称以及刀具编号等。

单击【机床视图】按钮,再单击【操作导航器】按钮,则弹出如图 8-11 所示的树形窗口。

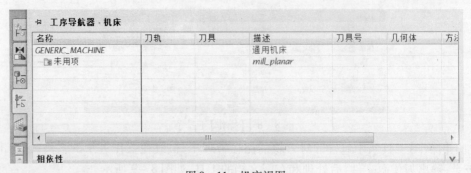

图 8-11 机床视图

该视图用于显示当前零件中存在的各种刀具以及使用这些刀具的操作名称。【描述】列用于显示当前刀具和操作的相关描述信息。

单击【几何视图】按钮，再单击【操作导航器】按钮，则弹出如图 8-12 所示的树形窗口。该视图显示当前零件中存在的几何组和坐标系，以及使用这些几何组和坐标系的操作名称。

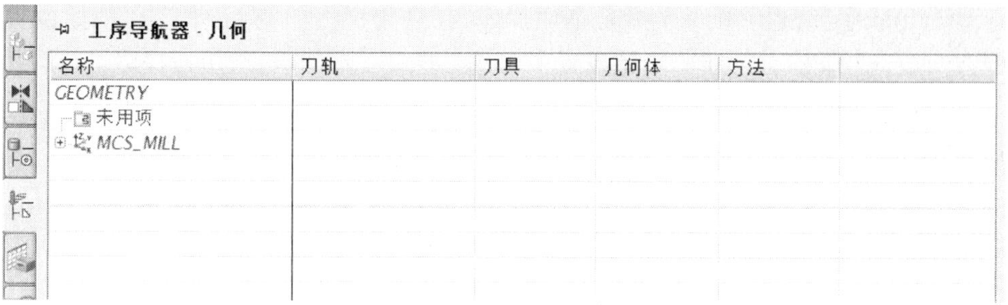

图 8-12 几何视图

在操作导航器中的任一对象上右击，均可弹出快捷菜单。通过快捷菜单可以实现编辑所选对象的参数；剪切或复制所选对象到剪贴板，以及从剪贴板复制到指定位置；删除所选对象；生成或重显菜单项，移动、复制和阵列刀具路径等操作。

3. UG CAM 加工流程

任何 CAD/CAM 软件的功能设计，依据的都是专业实际操作的流程，否则就不足以说服专业的使用者来使用他们的软件。UG CAM 同样也应该遵循制造加工的观念和流程，来设置软件的命令和功能。

首先，大家要对 UG CAM 的基本操作流程有一个基本认识，如图 8-13 所示。在加工流程

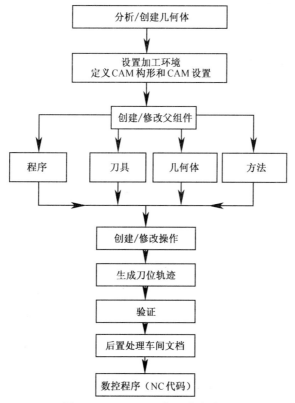

图 8-13 UG CAM 加工基本流程

中,进入加工模块后,首先进行加工环境初始化,进入相应的操作环境后,配合操作导航器,进行相关参数组设置(包括程序组、刀具组、加工几何组及加工方法组),创建操作,并产生刀具路径,可对刀具路径进行检查、模拟仿真,确认无误后,经过后置处理,生成 NC 代码,最终传输给数控机床,完成零件加工。

在 UG CAM 中,编程的核心部分是创建操作,在创建操作前,有必要进行初始设置,从而可以更方便地进行操作的创建。初始设置主要是一些组参数的设置,包括程序、刀具、几何体、方法等,设置完成这些参数后,在创建操作中就可以直接调用。

1) 创建程序

程序主要用来排列各加工操作的次序,并可方便地对各个加工操作进行管理。某种程度上相当于建立一个文件夹,在文件夹中可以再创建操作。在操作很多的情况下,可以用程序组来管理程序会比较方便。

在程序视图中,单击【创建程序】图标,或者在主菜单上选择【插入】→【程序】命令,系统将弹出【创建程序】对话框。

在"类型"下拉列表中选择合适的模板零件类型,默认选择的类型为初始时设置的类型,或者是最后使用过的模板类型,在"程序"下拉列表中,选择新建程序所属的父程序组,在"名称"文本框中输入名称,单击【确定】按钮创建一个程序组,完成一个程序组创建后将可以在工序导航器中进行查看。

程序组的创建步骤如图 8-14 所示。

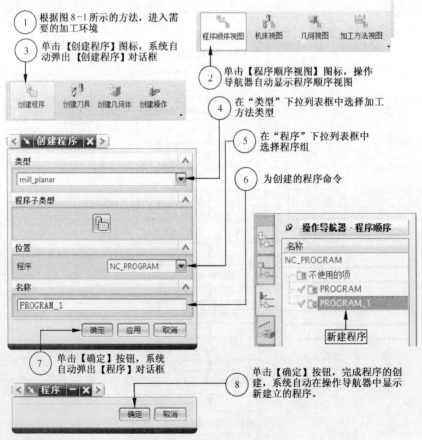

图 8-14 程序组的创建步骤

2）创建刀具

刀具是从毛坯上切除材料的工具,用户可以根据需要创建新刀具。基于选定的 CAM 配置,可创建不同类型的刀具。在【创建刀具】对话框中,当选择"类型"为 drill 时,能创建用于钻孔、膛孔和攻丝等用途的刀具;当选择"类型"为 mill_planar 时,能创建用于平面加工用途的刀具;当选择"类型"为 mill_contour 时,能创建用于外形加工用途的刀具。

创建新刀具的步骤如图 8-15 所示。

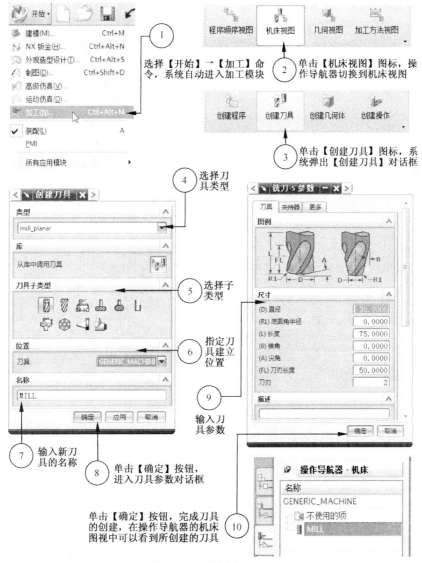

图 8-15 创建新刀具

在步骤 4 中,【创建程序】对话框中"类型"部分选项说明如下：

(1) mill_planar：平面铣加工模板。
(2) mill_contour：轮廓铣加工模板。
(3) mill_muki - axis：多轴轮廓铣加工模板。
(4) drill：钻加工模板。

3）创建几何体

创建几何体可以指定零件、毛坯、修剪和检查几何形状、加工坐标系 MCS 的方位和安全平面等参数以给后续操作继承。不同的操作类型需要不同的几何类型，平面铣操作要求指定边界，而曲面轮廓操作需要区域作为几何对象。

创建几何体的步骤如图 8-16 所示。

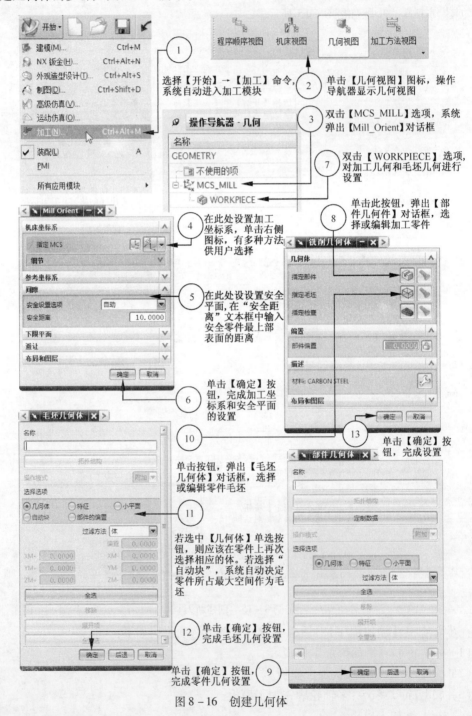

图 8-16　创建几何体

在步骤 4 中机床坐标一般在工件顶面的中心位置，所以创建机床坐标时，最好先设置好当前坐标,然后在【CSYS】对话框中设置"参考"为 WCS。

4) 创建加工方法

零件加工时,为了保证其加工精度,需要进行粗加工、半精加工和精加工等多个步骤。创建加工方法,其实就是给这些步骤指定内外公差、余量和进给量等参数。将操作导航器切换到加工方法视图,可以看到系统默认给出的 4 种加工方法,粗加工(MILL_ROUGH)、半精加工(MILL_SEMI_FINISH)、精加工(MILL_FINISH)和钻孔(DRILL_METHOD)。组织操作时,一般勿需创建新的加工方法,仅需修改默认的切削方法(粗加工、半精加工和精加工)的相关参数。

创建或修改加工方法步骤如图 8-17 所示。

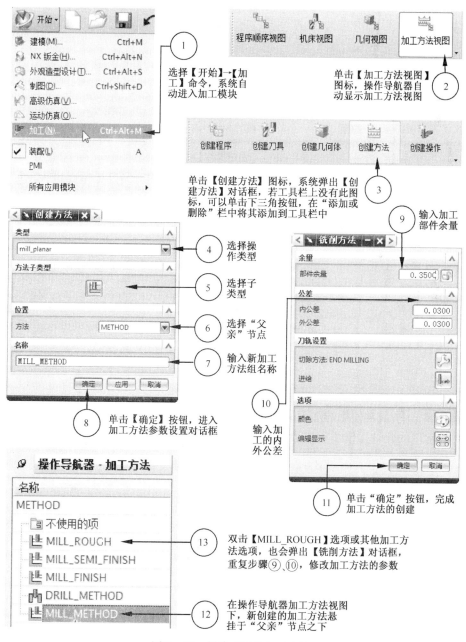

图 8-17 创建或修改加工方法

5) 创建操作

创建操作包括创建加工方法、设置刀具、设置加工方法和参数等。在【加工创建】工具条中单击【创建操作】按钮，弹出【创建操作】对话框，如图 8-18 所示。首先在【创建操作】对话框中选择类型，接着选择操作子类型，然后选择程序名称、刀具、几何体和方法。

图 8-18 【创建操作】对话框

在【创建操作】对话框中，选中某一"操作子类型"后，单击【确定】按钮即可弹出【型腔铣】对话框，从而进一步设置加工参数如图 8-19 所示。

图 8-19 【型腔铣】对话框

在模具加工中，最常使用的加工类型主要是 mill_planar 和 mill_contour 两种。下面以图形的方式对最常用的几种操作子类型进行说明，如表 8-2 所列。

表 8-2 常用的操作子类型及说明

序号	操作子类型	加工范畴	图解
1	面铣加工 （Face-Milling）	适用于平面区域的精加工，使用的刀具多为平底刀	

(续)

序号	操作子类型	加工范畴	图解
2	表面加工 (Planar – Mill)	适用于加工阶梯平面区域,使用的刀具多为平底刀	
3	型腔铣 (Cavity – Mill)	适用于模坯的开粗和二次开粗加工,使用的刀具多为飞刀(圆鼻刀)	
4	等高轮廓铣 (Zlevel – Profile)	适用于模具中陡峭区域的半精加工和精加工,使用的刀具多为飞刀(圆鼻刀),有时也会使用合金刀或白钢刀等	
5	固定轴区域轮廓铣 (Contour – Area)	适用于模具中平缓区域的半精加工和精加工,使用的刀具多为球刀	

任务一:简易模具零件的数控编程

8.2.1 任务描述

利用 UG 数控加工功能,编写图 8-20 所示零件中,加工 3 处深颜色槽的数控程序。

图 8-20 入门模型

8.2.2 任务分析

1. 模型分析

（1）本实例大小:300mm×200mm×20mm；

（2）最大加工深度:8mm；

（3）最小圆弧半径:8mm。

2. 编程思路及刀具使用

根据对模型的分析可以确定,该模型可以采用"平面铣"进行加工完成。选择"D16R3 圆鼻刀"进行开粗；再选择"D12R0 平底刀"进行精铣。

8.2.3 操作步骤

1. 步骤1:下载模型文件

将数据库中下载的文件 CH8\8.2\实例\rumenmoxing.prt 复制到 D:\UG_FILES\CH8\8.2；如由于软件版本问题打不开文件,可以通过数据库中的.x_t 文件转换。

2. 步骤2:打开文件

启动 UG NX8.0,打开 D:\UG_FILES\CH8\8.2\rumenmoxing.prt。

3. 步骤3:加工模块初始化

如图 8-21 所示,单击菜单【开始】→【加工】,系统弹出【加工环境对话框】。在如图8-22所示的"CAM 会话配置栏"中选择"cam_general",在"要创建的 CAM 设置"中选择"mill_planar"(平面铣)后,单击【确定】按钮完成加工模块初始化。

图 8-21　进入【加工】模块　　　　　图 8-22　加工环境设置

4. 步骤4:创建程序

（1）在"导航栏"中单击【工序导航器】,并单击【工序导航器】左上角的【图钉按钮】使其固定;单击【导航器】工具条中的【程序顺序视图】使工序导航器显示"程序顺序",如图 8-23 所示。

（2）单击【刀片】工具条中的【创建程序】,弹出【创建程序】对话框如图 8-24 所示,在类型下拉列表中选择"mill_planar","名称"栏中新建程序"PROGRAM_ROUGH"(粗加工),单击【确定】按钮两次,系统"工序导航器"中显示新程序如图 8-24 所示。

图 8-23　程序顺序

图 8-24　创建程序

5. 步骤5：创建刀具

（1）单击【导航器】工具条中的【机床视图】，将导航器视图由"程序"切换成"机床"。

（2）单击【刀片】工具条中的【创建刀具】，弹出【创建刀具】对话框，如图 8-25 所示。"类型"选择"mill_planar"，刀具子类型选择 ，名称为"D16R3"（表示直径为 16，圆角为 3 的圆鼻

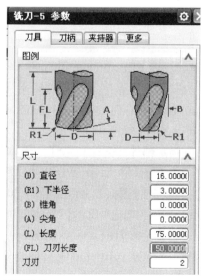

图 8-25　创建刀具

项目 8　UG NX 数控加工 | 211

刀"),单击【确定】,弹出"铣刀—5 参数"对话框,设置"直径"为"16","下半径"为"3",单击【确定】,在"工序导航器"中会出现刀具 D16R3 标示,如图 8-26 所示。

(3)用同样的方法创建精加工刀具"D12R0",结果如图 8-26 所示。

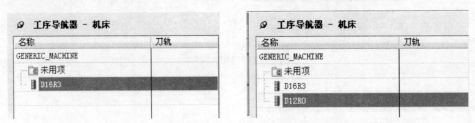

图 8-26　创建粗、精刀具结果

6. **步骤 6:设置加工坐标系**

(1)单击【导航器】工具条中的【几何视图】,将导航器视图由"机床"切换成"几何"。双击导航器中的 MCS_MILL,系统弹出如图 8-27 所示【Mill Orient】对话框,点选工件上表面,系统自动用上表面的中心作为"编程原点",坐标方向与工件坐标方向一致。注意观察加工坐标系的坐标轴为"XM","YM","ZM"。

 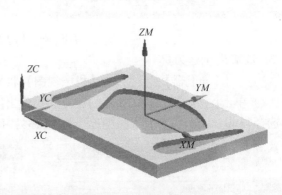

图 8-27　创建加工坐标系

(2)继续在"安全设置选项"中选择"平面"方式,单击【平面对话框】图标,弹出【平面】对话框,选择工件上表面,在"距离"栏内输入"10",单击【确定】,回到【Mill Orient】对话框,单击【确定】完成坐标系和安全平面的设置。

7. **步骤 7:指定部件几何体和毛坯几何体**

(1)在"几何视图"中,双击【WORKPIECE】图标,弹出如图 8-29 所示的【铣削几何体】对话框。单击【指定部件】图标,弹出图 8-30 所示的【部件几何体】对话框,在视图中选择工件模型,确定后,回到【铣削几何体】对话框。

(2)单击【指定毛坯】图标,弹出图 8-31 所示的【毛坯几何体】对话框,类型选择"包容块",坐标增量均设为"0",单击【确定】,回到【铣削几何体】对话框,再单击【确定】完成几何体创建。

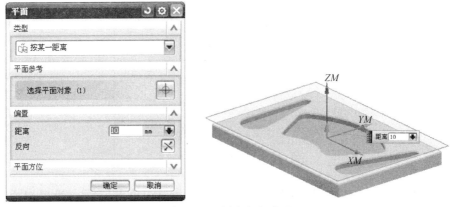

图 8-28 创建安全平面

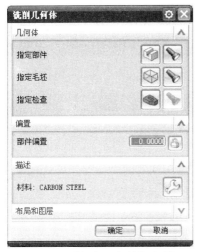

图 8-29 【铣削几何体】对话框

图 8-30 【部件几何体】对话框

图 8-31 【毛坯几何体】对话框

8. 步骤8：加工方法设置

(1) 单击【导航器】工具条中的【加工方法视图】，将导航器视图由"几何"切换成"加工方法"视图，如图 8-32 所示。

(2) 双击粗加工图标 MILL_ROUGH，系统弹出如图 8-33【铣削方法】对话框。"部件余量"设为"0.8"，内外公差都设为"0.08"；单击【切削方法】设置图标，弹出如图 8-34 所示的"搜

图 8-32 加工方法视图

索结果"选择切削方法"HSM ROUGH MILLING",【确定】。单击【进给】设置图标,弹出图 8-35 所示【进给】对话框,在"进给率"栏中输入"切削进给速度"为"2000"。

图 8-33 加工方法视图

图 8-34 加工方法搜索结果对话框

图 8-35 进给设置

(3) 用同样的方法设置 MILL_FINISH 精加工参数,"部件余量"为"0","内外公差"为"0.01","切削方法"为"HSM FINISH MILLING","进给速度"为"1000"。

9. 步骤9:创建平面铣操作

单击【刀片】工具条中的【创建工序】图标,弹出如图8-36所示的【创建工序】对话框。

图 8-36 创建工序

"工序子类型"选择"PLANAER_MILL" ,"程序"选择"PROGRAM_ROUGH","刀具"选择"DR16R3","几何体"选择"WORKPIECE","方法"选择"MILL_ROUGH","名称"输入"PLANAR_MILL_ROUGH",单击【确定】,系统弹出【平面铣】对话框如图8-37所示。

单击【指定部件边界】按钮 ,弹出图8-38所示的【边界几何体】对话框,"模式"选择"面",用鼠标左键选择模型上表面,单击【确定】。

单击【指定底面】按钮 ,弹出8-39所示的【平面】对话框,选择凹槽底面,单击【确定】。

刀轨设置如图8-40所示:"切削模式"为"跟随周边";"步距"为"恒定",数值为"2";单击"切削层"设置,类型为"恒定","每刀深度"为"4";单击"切削参数设置"弹出如图8-41所示"切削参数"对话框,"策略"中"切削方向"选择"顺铣","切削顺序"选择"深度优先","刀

图 8–37 平面铣工序设置

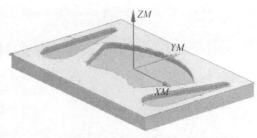

图 8–38 边界几何体对话框

路方向"选择"向内";"余量"中,"部件余量"为"0.8","底面余量"输入"0.3"单击【确定】,回到"平面铣"工序。

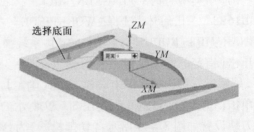

图 8–39 指定平面

图 8-40　刀轨设置

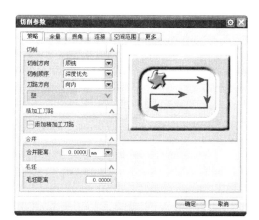

图 8-41　切削参数

单击【生成刀路】按钮，生成如图 8-42 所示刀路。单击【确认】按钮，弹出【刀轨可视化】对话框如图 8-43 所示。单击【2D 动态】和右箭头，系统自动仿真加工形成如图 8-44所示结果。观察满意后，单击两次【确定】完成粗加工平面铣工序的创建。

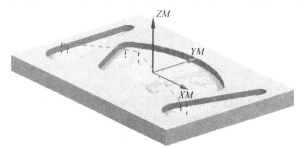

图 8-42　粗加工刀路

10. 步骤 10：创建精加工工序

1）复制粗加工工序

回到"工序导航器"界面，切换到"几何视图"，选择"PLANAR_MILL_ROUGH"工序，单击鼠标右键，弹出快捷菜单，选择"复制"，然后再选择"PLANAR_MILL_ROUGH"工序单击鼠标右键，选择"粘贴"，结果如图 8-45 所示。

选择刚粘贴的工序，进行重命名"PLANAR_MILL_FINISH"如图 8-46 所示。

项目 8　UG NX 数控加工 | 217

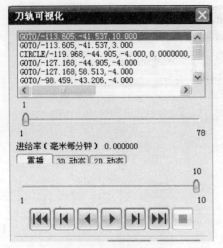
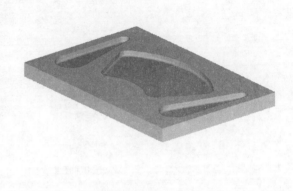

图8-43 刀轨可视化　　　　　　　　　图8-44 粗加工仿真

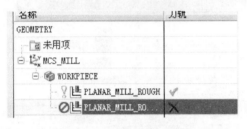
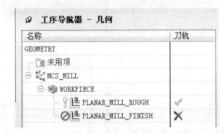

图8-45 复制粗加工程序　　　　　　　图8-46 重命名

2)修改"PLANAR_MILL_FINISH"工序

双击"PLANAR_MILL_FINISH",系统弹出【平面铣】对话框,如图8-47所示。将"刀具"改为"D12R0";刀轨设置中,"方法"改为"MILL_FINISH";"步距"改为"0.5";单击【切削参数】将"底面余量"改为"0"。

3)生成刀路并完成仿真

单击【生成刀路】按钮,生成如图8-48所示精加工刀路。单击【确认】按钮,弹出

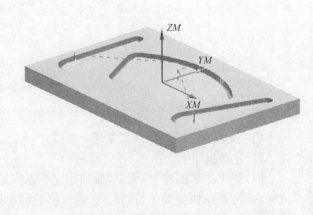

图8-47 修改参数　　　　　　　　　图8-48 精加工刀路

218 | 模具CAD/CAM(UG)

【刀轨可视化】对话框。单元击【2D 动态】和右箭头，系统自动仿真加工形成如图 8-49 所示结果。观察满意后,单击两次【确定】完成精加工平面铣工序的创建。

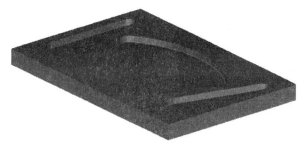

图 8-49　精加工仿真加工

11. 步骤 11：后处理生成程序

如图 8-50 选中刚建立的两个程序,单击鼠标右键,弹出快捷菜单,选择"后处理",系统弹出【后处理】对话框如图 8-51 所示。选择三轴联动铣削处理器"MILL_3AXIS",单击【确定】,系统弹出【多重选择警告】对话框,单击【确定】后,系统生成数控程序如图 8-52 所示。

图 8-50　选择两个程序

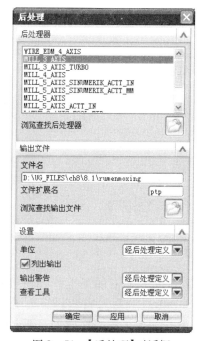

图 8-51　【后处理】对话框

项目 8　UG NX 数控加工 | 219

```
N0010 G40 G17 G90 G70
N0020 G91 G28 Z0.0
:0030 T00 M06
N0040 G0 G90 X-4.4726 Y-1.6353 S0 M03
N0050 G43 Z.3937 H00
N0060 Z.1181
N0070 G2 X-5.0066 Y-1.7679 Z-.1575 I-.2505 J-.1326 K.076 F78.7
N0080 G1 Y2.3037 M08
N0090 X-3.8763 Y-1.701
N0100 G2 X-5.0066 Y-1.8575 I-.5543 J-.1565
N0110 G1 Y-1.7679
N0120 X-4.9279
N0130 Y1.7348
N0140 X-3.9521 Y-1.7224
N0150 G2 X-4.9279 Y-1.8575 I-.4785 J-.1351
N0160 G1 Y-1.7679
N0170 X-4.8491
N0180 Y1.166
N0190 X-4.0279 Y-1.7438
N0200 G2 X-4.8491 Y-1.8575 I-.4028 J-.1137
```

图8-52 生成数控程序

任务二：塑料瓶前模编程

8.3.1 任务描述

利用 UG NX 完成如图 8-53 所示的塑料瓶前模的数控程序编制。

图8-53 塑料瓶前模

8.3.2 任务分析

1. 模型分析

（1）本实例大小：121mm×84mm×21mm；

（2）最大加工深度：12mm；

（3）最小凹圆弧半径：3mm。

2. 编程思路及刀具使用

根据对模型的分析确定该零件采用如下加工工艺：型腔铣开粗，使用刀具 D25R5（圆鼻刀）；型腔铣二次开粗，使用刀具 D8R2（圆鼻刀）；塑料瓶头尾两处陡峭侧壁采用等高轮廓铣加工，使用刀具 R4（球头铣刀）；中间平缓的圆弧区域采用固定轴区域轮廓铣，使用刀具 R4；最后的工序是用 R2.5 球刀对圆弧处清角，采用固定轴清根。

8.3.3 操作步骤

1. 步骤1：文件复制

将数据库中下载的文件 CH8\8.3\实例\zongherenwu.prt 复制到 D:\UG_FILES\CH8\8.3；如由于软件版本问题打不开文件，可以通过数据库中的 .x_t 文件转换。

2. 步骤2：启动 UG NX8.0

启动 UG NX8.0，打开 D:\UG_FILES\CH8\8.3\zongherenwu.prt。

3. 步骤3：加工模块初始化

单击菜单【开始】→【加工】，系统弹出【加工环境】对话框。在"CAM 会话配置"中选择"cam_general"，在"要创建的 CAM 设置"中选择"mill_contour"后，如图 8-54 所示，单击【确定】按钮完成加工模块初始化。

图 8-54 加工环境设置

4. 步骤4：开粗

（1）固定工序导航器。在编程界面的左侧导航栏内单击【工序导航器】图标，弹出导航器，然后单击左上角的【固定】按钮。

（2）设置加工坐标系和安全高度。在工序导航器的空白处单击鼠标右键，接着在弹出的快捷菜单中选择【几何视图】，然后双击 MCS_MILL 图标，弹出 MILL ORIENT 对话框，选择工件上表面，系统自动将坐标设定在表面中心。单击"安全设置选项"的下拉列表，选择"平面"，然后选择工件上表面，在"距离"项中输入"15"，如图 8-55 所示，最后单击【确定】。

 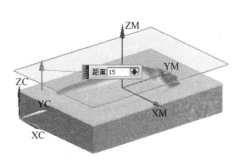

图 8-55 设置加工坐标和安全高度

（3）设置部件。在工序导航器中双击 WORKPIECE 图标，弹出【铣削几何体】对话框，如图 8-56 所示。单击【指定部件】按钮，弹出【部件几何体】对话框，选择工件后，单击【确定】回到【铣削几何体】对话框。

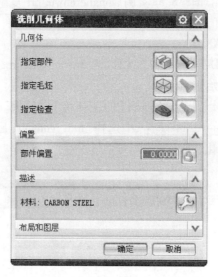

图 8-56 铣削几何体

（4）设置毛坯。在【铣削几何体】对话框中，单击【指定毛坯】按钮，弹出【毛坯几何体】对话框，类型选择"包容块"，距离都为"0"，如图 8-57 所示，然后单击【确定】两次，结束几何体的创建。

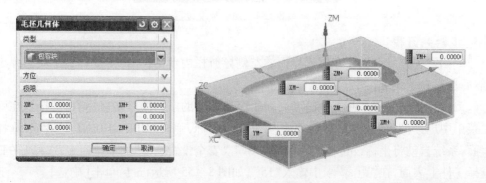

图 8-57 毛坯几何体

（5）设置加工余量和公差。在工序导航器的空白处单击鼠标右键，接着在弹出的快捷菜单中选择【加工方法视图】命令。双击 MILL_ROUGH 图标，弹出【铣削方法】对话框，设置如图 8-58 所示参数；双击 MILL_FINISH 图标，弹出【铣削方法】对话框，设置如图 8-59 参数。

（6）创建程序组。切换工序导航器到"程序顺序视图"。在【刀片】工具条中单击【创建程序】对话框，如图 8-60 所示。在"名称"文本框中输入"ROU1"，然后单击【确定】两次。

（7）创建刀具。切换工序导航器到"机床视图"。在【刀片】工具条中单击【创建刀具】对话框，如图 8-61 所示。在"名称"文本框中输入"D25R5"，然后单击【确定】，弹出【铣刀-5参数】对话框。在"直径"文本框中输入"25"，"底圆角半径"文本框中输入"5"，然后单击【确定】。

图 8-58 粗加工余量及公差

图 8-59 精加工余量及公差

图 8-60 创建程序名称

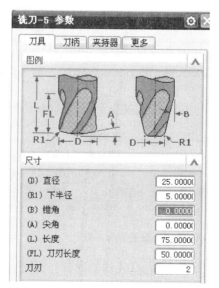
图 8-61 创建刀具

(8) 继续创建刀具。参考步骤(7)继续创建 D8、R4、R2.5 的刀具。

(9) 创建操作。在"刀片"工具条中单击【创建工序】,弹出【创建工序】对话框,然后设置如图 8-62 所示参数。

(10) 在【创建工序】对话框中单击【确定】按钮,弹出【型腔铣】对话框。在【型腔铣】对话框中单击【指定切削区域】按钮,然后选择如图 8-63 所示的加工面。

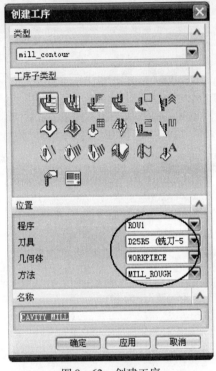

图 8-62 创建工序

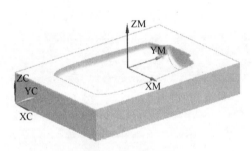

图 8-63 加工面

① 设置切削模式、步距和吃刀深度。切削模式为"跟随周边",步距百分比为"70",全局每刀深度为"0.5",如图 8-64 所示。

② 设置切削参数。在"型腔铣"对话框中单击【切削参数】按钮,弹出【切削参数】对话框,然后设置切削方向为"顺铣",切削顺序为"深度优先";选中"岛清根"复选框,并设置壁清根为"自动",如图 8-65 所示。

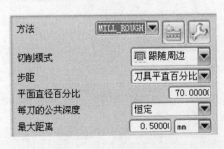

图 8-64 设置加工参数

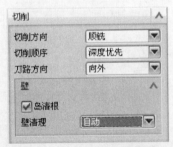

图 8-65 设置切削参数

③ 设置拐角半径。在【切削参数】对话框中,单击【拐角】,然后设置"拐角处的刀轨形状"为"光顺,所有刀路",如图 8-66 所示。

④ 设置非切削参数。在【型腔铣】对话框中单击【非切削移动】按钮,弹出【非切削移动】对话框,在封闭的区域内设置进刀类型为"螺旋线",斜角为"2",高度为"3",最小安全距离为"1",最小倾斜长度为"40",如图 8-67 所示。

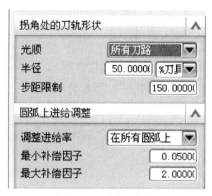

图 8-66 设置拐角

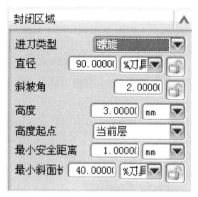

图 8-67 设置非切削参数

⑤ 设置转移方式。在【非切削移动】对话框中,选择【转移/快速】选项,然后设置安全设置选项为"使用继承的",区域内和区域之间的转移类型设置为"前一平面"如图 8-68 所示。

⑥ 设置主轴速度和进给速度。在【型腔铣】对话框中,单击【进给率和速度】按钮,弹出【进给率和速度】对话框,设置主轴速度为 1000,切削速度为 1500,如图 8-69 所示。

图 8-68 设置非切削参数

图 8-69 设置速度

⑦ 生成刀路。在【型腔铣】对话框中,单击【生成】按钮,系统开始生成刀路如图 8-70 所示。单击【确定】按钮,系统自动弹出【刀轨可视化】对话框,单击【2D 动态】和右箭头,系统自动仿真加工形成如图 8-71 所示结果。观察满意后,单击两次【确定】完成开粗工序的创建。

5. 步骤 5:二次开粗

(1) 创建程序组。在【刀片】工具条中单击【创建程序】按钮,弹出【创建程序】对话框,在"名称"下面文本框中输入"ROU2",然后单击【确定】按钮两次。

(2) 复制开粗刀路,如图 8-72 所示。

(3) 修改刀具。在工序导航器中双击 CAVITY_MILL_1_COPY 图标,弹出【型腔铣】对话框,然后修改刀具为"D8",如图 8-73 所示。

项目 8 UG NX 数控加工 | 225

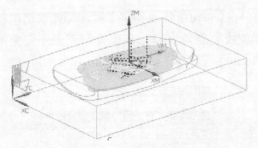
图8-70 开粗刀路

图8-71 开粗仿真

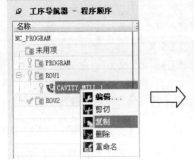

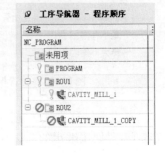

图8-72 复制刀路

(4) 设置修剪边界。在【型腔铣】对话框中单击【指定修剪边界】按钮,弹出【修剪边界】对话框,然后设置修剪侧为"外部",并通过【点边界】创建如图8-74所示边界。

(5) 修改全局每刀深度0.25。

(6) 设置余量。在"型腔铣"对话框中单击【切削参数】按钮,弹出【切削参数】对话框。修改侧面余量为0.35,底部余量不变。

提 示

在二次开粗时,部件侧面余量要比第一次开粗时侧面余量稍大,否则刀杆容易碰到侧壁,造成撞刀。

图8-73 修改刀具

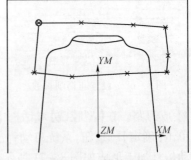
图8-74 修剪边界

(7) 设置非切削参数。在【型腔铣】对话框中单击【非切削移动】按钮,弹出【非切削移动】对话框,然后修改高度为"1",最小倾斜长度为"0",如图8-75所示。

(8) 设置切削速度。在"型腔铣"对话框中单击【进给率和速度】按钮,弹出【进给率和速度】对话框,修改主轴转速为"2000",切削速度为"1500"。

(9) 生成刀路。在【型腔铣】对话框中单击【生成】按钮,系统开始生成刀路,结果如图8-76所示。

图 8-75 设置非切削移动参数

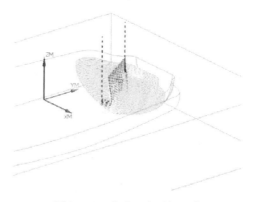
图 8-76 生成二次开粗刀路

6. 步骤 6：陡峭面精加工

(1) 创建程序组。在【刀片】工具条中单击【创建程序】按钮，弹出【创建程序】对话框。在"名称"文本框内输入"FIN1"，然后单击【确定】两次。

(2) 创建工序。在【刀片】工具条中单击【创建工序】按钮，弹出【创建工序】对话框，然后设置如图 8-77 所示的参数。

图 8-77 创建"等高轮廓铣"工序

(3) 选择加工面。在【创建工序】对话框中单击【确定】按钮，弹出【深度加工轮廓】对话框。单击【指定切削区域】按钮，然后选择如图 8-78 所示的 5 个加工面，选择完成后单击【确定】。

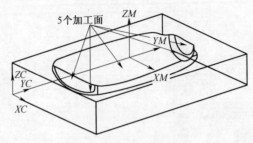

图 8-78 选择加工面

（4）设置修剪边界。在【深度加工轮廓】对话框中单击【指定修剪边界】按钮，弹出【修剪边界】对话框，然后设置修剪侧为"外部"，并创建如图 8-79 所示的边界。

（5）设置全局每刀深度 0.25。

（6）设置切削方向和切削顺序。在【深度加工轮廓】对话框中单击【切削参数】按钮，弹出【切削参数】对话框，然后设置切削方向为"混合"，切削顺序为"深度优先"如图 8-80 所示。

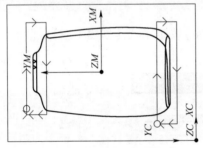

图 8-79 创建修剪边界

图 8-80 设置切削方向和顺序

（7）设置非切削参数。在【深度加工轮廓】对话框中单击【非切削移动】按钮，弹出"非切削移动"对话框，在封闭的区域内设置进刀类型为"螺旋线"，斜角为"2"，高度为"3"，最小安全距离为"1"，最小倾斜长度为"40"。

（8）设置转移方式。在【非切削移动】对话框中，选择【转移/快速】选项，然后设置安全设置选项为"使用继承的"，区域内和区域之间的转移类型设置为"前一平面"。

（9）设置主轴速度和进给速度。在【型腔铣】对话框中，单击【进给率和速度】按钮，弹出【进给率和速度】对话框，设置主轴速度为 2000，切削速度为 1500。

（10）生成刀路。在【深度加工轮廓】对话框中，单击【生成】按钮，系统开始生成刀路如图 8-81 所示。单击【确定】按钮，系统自动弹出【刀轨可视化】对话框，单击【2D 动态】和右箭头，系统自动仿真加工。观察满意后，单击两次【确定】完成等高轮廓加工的创建。

7. 步骤 7：平缓区域精加工

（1）创建程序组。在【刀片】工具条中单击【创建程序】按钮，弹出【创建程序】对话框。在"名称"文本框内输入"FIN2"，然后单击【确定】两次。

（2）创建工序。在【刀片】工具条中单击【创建工序】按钮，弹出【创建工序】对话框，然后设置如图 8-82 所示的参数。

（3）选择加工面。在【创建工序】对话框中单击【确定】按钮，弹出【轮廓区域铣】对话框。单击【指定切削区域】按钮，然后选择如图 8-83 所示的 3 个加工面，选择完成后单击【确定】。

（4）设置驱动参数。在【轮廓区域铣】对话框中，在"驱动方法"下拉列表中选择"区域铣削"，并单击后面的【设置】按钮，弹出如图 8-84 所示的【区域铣削驱动方法】对话框，然后

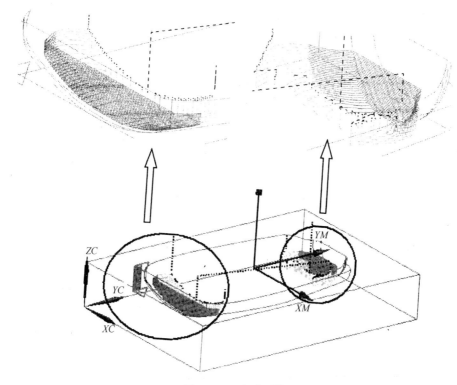

图 8-81 生成刀路

图 8-82 设置"轮廓区域铣"工序

设置步距为"恒定",距离为"0.25",切削角为"45",其他参数默认。

(5) 设置主轴转速和进给速度。在【轮廓区域铣】对话框中,单击【进给率和速度】设置主轴转速 3000,进给速度 2000。

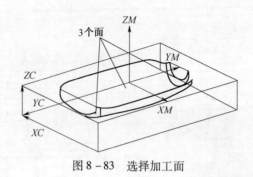

图8-83 选择加工面

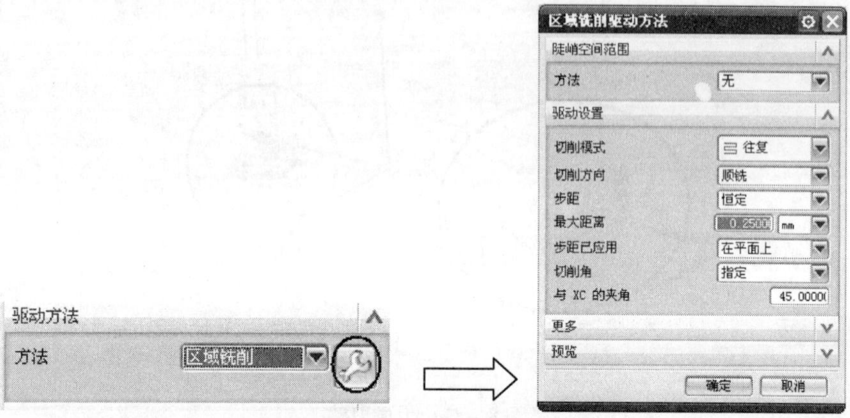

图8-84 设置驱动参数

（6）生成刀路。在【轮廓区域铣】对话框中，单击【生成】按钮，系统开始生成刀路如图8-85所示。

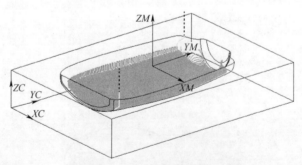

图8-85 生成"轮廓区域铣"刀路

8. 步骤8：清根处理

（1）创建程序组。在【刀片】工具条中单击【创建程序】按钮，弹出【创建程序】对话框。在"名称"文本框内输入"FIN3"，然后单击【确定】两次。

（2）创建工序。在【刀片】工具条中单击【创建工序】按钮，弹出【创建工序】对话框，然后设置如图8-86所示的参数。

（3）选择加工面。在【创建工序】对话框中单击【确定】按钮，弹出【轮廓区域铣】对话框。单击【指定切削区域】按钮，然后选择如图8-87所示的5个加工面，选择完成后单击【确定】。

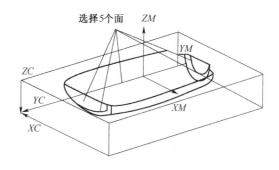

图 8-86 设置"轮廓区域铣"工序　　　　图 8-87 选择加工面

(4) 设置驱动参数。在【轮廓区域铣】对话框中,在"驱动方法"下拉列表中选择"清根",并单击后面的【设置】按钮,弹出如图 8-88 所示的"清根驱动方法"对话框,然后设置清根类型为"参考刀具偏置",步距为"0.1",顺序为"后陡",其他参数默认。

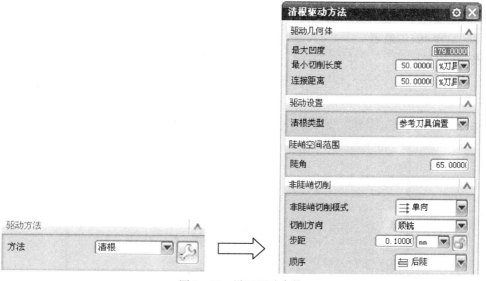

图 8-88 设置驱动参数

(5) 设置主轴转速和进给速度。在【轮廓区域铣】对话框中,单击【进给率和速度】设置主轴转速 3500,进给速度 800。

(6) 生成刀路。在【轮廓区域】对话框中,单击【生成】按钮,系统开始生成刀路如图 8-89 所示。

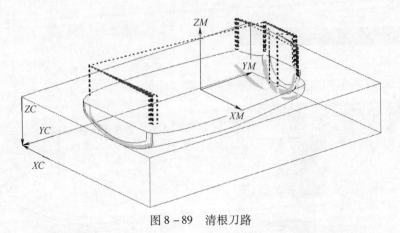

图 8-89 清根刀路

9. 步骤 9:实体模拟验证

(1) 在"工序导航器中"选择|NC_PROGRAM。

(2) 在【操作】工具条中单击【确认刀轨】按钮,弹出【刀轨可视化】对话框。在【刀轨可视化】对话框中选择【2D 动态】选项,然后单击【播放】按钮,系统开始实体模拟,结果如图 8-90 所示。

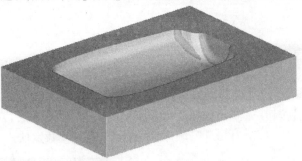

图 8-90 实体模拟

10. 步骤 10:后处理

在"工序导航器"中选择|NC_PROGRAM,单击鼠标右键,弹出快捷菜单,选择【后处理】,系统弹出【后处理】对话框。选择三轴联动铣削处理器"MILL_3AXIS",单击【确定】,系统生成数控程序如图 8-91 所示。

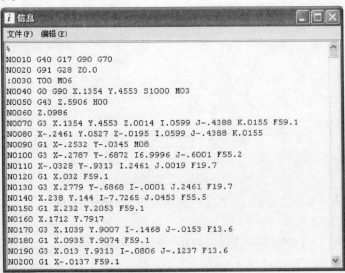

图 8-91 生成程序

拓 展 练 习

1. 利用 UG 软件对下列零件进行数控编程。（文件从数据库 CH8\拓展应用中下载，如由于软件版本问题打不开文件，可以通过数据库中的 .x_t 文件转换。）

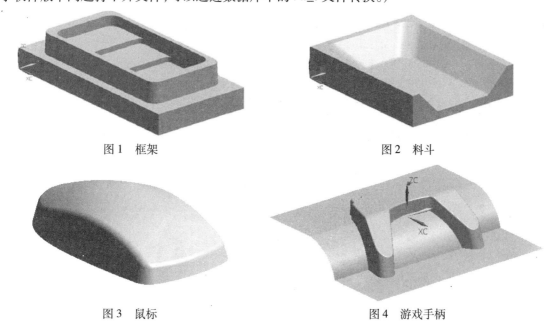

图 1　框架　　　　　　　　　　　图 2　料斗

图 3　鼠标　　　　　　　　　　　图 4　游戏手柄

参 考 文 献

[10] 郑贞平. UG NX 4.0 中文版零件设计[M]. 北京:清华大学出版社,2008.
[2] 尹启中. 模具 CAD/CAM[M]. 北京:机械工业出版社,2001.
[3] 杜强. 模具 CAD/CAM(UG)课程设计[M]. 北京:中国劳动出版社,2006.
[4] 张云杰. UG NX 6.0 中文版零件与装配设计[M]. 北京:清华大学出版社,2010.
[5] 老虎工作室. UG NX4.0 习题精解[M]. 北京:人民邮电出版社,2007.
[6] 张益三. PRO/E 入门基础[M]. 北京:机械工业出版社,2001.
[7] 韩思明. UGNX5 中文版模具加工经典实例解析[M]. 北京:清华大学出版社,2007.